從看房、搬家到布置房間、
家務、金錢管理、防盜安全！

加納NANA 繪

獨居生活完美指南BOOK

楓葉社

嘿咻……

哎呀～走到這一步真是不容易啊…
首先是研究要住在哪個城市…
之前旅行去的〇〇市，氛圍真的不錯～
還有離車站多遠、採光、是否乾濕分離…等等。
車站
列出絕對無法妥協的條件。

接下來是看房，順便確認防盜安全。
對講機最好要有監視螢幕。
門鎖則最好是使用凹凸鑰匙或感應卡鑰匙。
確定好房子後，就要挑選搬家公司。
考量評價、服務態度及費用。
◎◎搬家中心的搬家評價
★★★★★
服務非常細心周到！
而且搬家日期能靈活調整，
讓人可以放心交給他們。
★★★★☆
工作人員都非常有禮貌、
效率也很高！只是感覺
費用稍微貴了一點……
印鑑證明書
住民票
同時還要辦理政府機關文件、水電、網路等各種手續……
然後，最麻煩的就是打包行李！

要先按房間分類，再細分成不同組別⋯
浴室① 洗手台 周圍用品
廚房
從使用頻率低的物品開始打包，
就能避免發生將還要用的東西先收起來的情況，這方法真不錯！
搬到新家後，先將紙箱放到對應房間，再從常用物品開始拆箱。
提早拆箱就能知道哪個箱子裡裝了什麼，
提早行動果然很重要！
嗯，嗯。

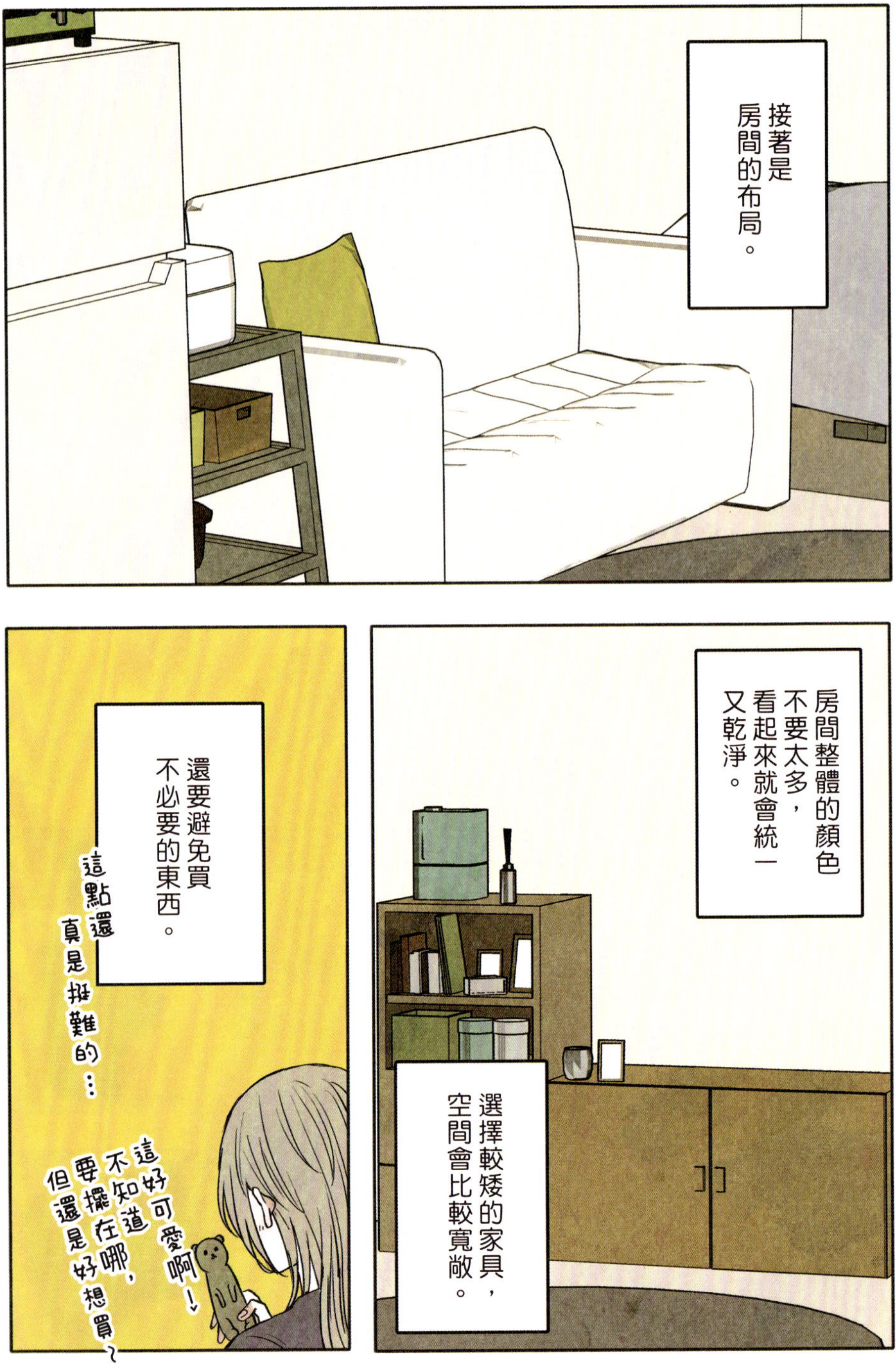
接著是房間的布局。
房間整體的顏色不要太多，看起來就會統一又乾淨。
選擇較矮的家具，空間會比較寬敞。
還要避免買不必要的東西。
這點還真是挺難的……
這好可愛啊！不知道要擺在哪，但還是好想買～

搬家這幾個月
真的很辛苦，
但每天能回到
充滿自己喜歡
元素的房間裡，
感覺真開心。
接下來
才是新的開始，
今後
請多指教囉！
我的家。

CONTENTS

STAFF
美術總監／松浦周作（mashroom design）
設計／森紗登美（mashroom design）
內文插畫／加納NANA、塵芥、Muramatsu shiori
內文文字／稲葉美映子、荒原文
DTP／ニッタプリントサービス
編輯協力／野田りえ
編輯／鈴木菜々子（KADOKAWA）

開始獨居生活的
準備＆步驟

一旦決定展開獨居生活，就可以開始準備了！
以下為各位整理好從找新家到搬家的步驟。

1
找房

P.18～25

找生活基地一帶的房子，考慮好租金預算和優先條件後，前往不動產公司，看房時確認自己在意的重點。

2
申請房屋、入住審查與簽約

P.28

找到心儀的房子後，向不動產公司或房東提出申請，審查後簽約。入住即開始計算租金，需要盡快開始搬家準備。

3
選擇搬家公司與確定搬家日期

P.30

為了將更多資金用於新生活，搬家最好省一點，可以向多家搬家公司詢問報價並進行協商，最後確定搬家日期。

4
購買家具、家電和生活用品

P.15

日本3～4月為搬家忙季，建議提前安排請人配送或安裝。要立即使用的物品，最好在搬家當天前後送達新家。

5
打包

P.32

避免太趕而慌亂，建議提前開始。將物品分類為「立即使用」和「非立即使用」，從使用頻率低的物品開始打包。

6
簽訂瓦斯、水電和網路合約

P.34

提前辦理瓦斯、水電、網路等相關手續，以便搬家當天就能使用。要注意的是，瓦斯需由專人開通，必須提前向瓦斯公司預約。

7
搬家前的申報

P.34

若要搬到其他市區町村，需在搬家前向役所提交「遷出申報」。也要向郵局提交「遷出申報」，並請求郵件轉送至新地址。

8
入住前的檢查與打掃

P.31、75

將物品搬入新家前，需確認有無損壞或髒汙等問題。提前做好打掃與防霉處理，搬家後也會更輕鬆。

9
搬家、拆行李與安裝

為避免阻塞通道，應先搬入大型家具和家電。搬家完成後，趕在天黑前安裝窗簾和照明設備。

10
搬家後的申報

P.35

如果是從其他市區町村搬來，應向新地址的役所提交「遷入申報」。同時還需要辦理國民健康保險手續，並更改駕照等地址資訊。

獨居生活的準備日程

新生活的準備要與時間賽跑！
搬家之前，應該有計畫地進行準備。

1個半月前

◆ 找房

- 與不動產公司商量
- 決定條件的優先順序
- 參觀有興趣的房子
  - □ 確認家電、家具的擺放位置及門的大小
  - □ 確認房屋的管理狀況
  - □ 確認周邊環境

1個月前

◆ 房屋申請

- 提交申請文件和所需文件

3週前

◆ 入住審查

- 通過審查後，確認所需契約文件，
  準備好交給不動產公司

◆ 簽約

- 提交所需文件
- 簽訂租賃契約書
  - □ 確認入住日期（租金開始計算的日子）

◆ 選擇搬家公司並確定搬家日期

- 至各個搬家公司網站查詢價格和方案
- 向多家搬家公司詢問報價
- 與搬家公司協商
  - □ 確認是否可以提供折扣
  - □ 確認是否能預定希望的搬家日期
- 告訴搬家公司行李數量、是否有大型家具和家電，
  並請他們提供搬家所需的紙箱等包裝材料

3週前

◆ 開始購買家具、家電和生活用品

- 確認新生活所需用品並購買
- 提前安排好需配送或安裝的家具、家電

◆ 處理不需要的物品

- 提前向當地政府機關申請大型垃圾回收
- 在二手平台或回收店出售狀況良好的用品

◆ 開始打包

- 按照使用頻率少的物品開始打包，
  並在箱子外部註明物品和要放在哪
- 將搬家後會立刻用到的物品放入行李箱
- 存摺、印章等貴重物品應放入當日隨身行李

1～2週前

◆ 安排基礎設施和辦理相關手續

- 簽訂瓦斯契約並安排開通
  （日本3～4月為搬家忙季，最好提前2週預約）
- 簽訂電力、自來水線路、網路等服務
- 向役所辦理搬遷前的手續
- 向郵局提交搬遷通知

◆ 進行入住前打掃

- 確認是否有損壞或汙漬，拍照保存
- 打掃新家（如果難以打掃，可以在搬家當天、物品送達前進行）

當天

◆ 搬家

- 參與瓦斯開通的現場處理
- 安裝窗簾、燈具，並開始拆行李

搬家後～2週內

◆ 搬家後的手續

- 向役所辦理搬家後的手續
- 更新駕照、銀行帳戶、信用卡等地址變更

搬家～新生活開始 需要多少開銷？

要展開獨居生活，必須先準備好金錢。
首先確定預算，並制定合理的計畫吧！

《準備搬家基金》

不動產契約所需費用（P.26）

大約需要5～6個月的房租

包括押金、禮金、仲介費、火災保險費等。若無保證人，可能還需要「保證公司服務費」；要更換鑰匙，可能還有「鑰匙更換費」等額外費用。

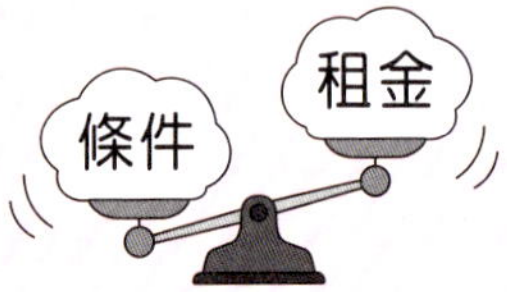

房租過高會增加初期費用，進而影響未來生活。選擇房屋時，不僅要考慮條件，還要考慮費用和預算，做出明智的判斷。

家具、家電、日用品購買費用

大約25～30萬圓

隨便買的話，可能會有些東西根本用不上。根據自己的生活方式進行選擇，當不確定是否需要時，盡量選擇「最低限度」的物品。如果不拘泥於全新，可以考慮購買二手用品來節省開支。

搬家費用

大約3～10萬圓

搬家費用會根據搬運物品的數量、距離、時期和時間段而有所不同。3～4月是搬家高峰期，費用通常較高。若想節省費用，可避免選擇熱門的週末或上午時段。

確保當前生活資金

新生活開始後，馬上會面臨一大筆開支，諸如房租、水電瓦斯費、生活費等。每月開支請參考P.130，提前準備好以保持充足資金。

展開新生活時馬上會用到的東西

有些東西可以之後再買，一開始準備精簡即可。
以下列出一些搬家後馬上會用到的物品。

家具與家電

- ☐ 窗簾
- ☐ 寢具
- ☐ 桌子
- ☐ 冰箱
- ☐ 洗衣機
- ☐ 照明設備
  （如果房間沒有配置的話）
- ☐ 空調或暖氣
  （如果房間沒有配置的話）
- ☐ 微波爐

搬家當天要準備開箱工具

搬家當天需要開箱、取出物品、安裝家具等。為了作業方便，記得在隨身行李放入剪刀、美工刀、工作手套。如果需要組裝家具，就多準備螺絲刀；如果還需要安裝照明設備或進行高處作業，事先準備梯子會更順利。

生活用品

- ☐ 牙刷與牙膏
- ☐ 睡衣
- ☐ 衣物
- ☐ 洗衣用品
  （衣架、洗衣袋、晾衣桿等）
- ☐ 洗衣清潔劑（P. 92）
- ☐ 料理器具(P. 106)
- ☐ 餐具(P. 108)
- ☐ 常備藥
- ☐ 智慧型手機充電器
- ☐ 打掃工具（P. 70）
- ☐ 清潔劑（P. 73）
- ☐ 垃圾袋
- ☐ 衛生紙
- ☐ 面紙
- ☐ 毛巾與浴墊
- ☐ 浴室用品
  （洗髮精、護髮乳等）
- ☐ 洗臉用品
  （基礎化妝品、洗面乳等）

漫畫

獨居生活日誌 1 「看房」

搬家前，我抱著輕鬆的心情去看看○○町的氛圍…
堆滿垃圾…
滿地菸頭…
※人行道旁
…還是不要選這了，去第二個地方看看吧…
還好有事先來瞭解周遭的氛圍和治安啊～

PART 1

監修／
高幣幹司
(isroom)

找房、搬家的零失誤守則

獨居生活的第一步！

如何決定選哪間房子？

該從哪裡開始找……
初次展開獨居總會一頭霧水。
本篇帶你掌握重點，
找到理想房子！

先去車站附近的不動產公司看看！

從搬家前1～1個半月開始找

租房無法暫時預定，且申請到的2週後就會開始計算租金，因此找房的最佳起始時間是入住前1～1個半月。以上班或上學的便利性等因素來決定想住的區域，再去車站周邊的大型不動產仲介公司看看。

\不動產公司的小祕密/

為什麼要選擇「大品牌不動產公司」？

跟中小型公司相比，大公司的成交量壓倒性地多，業務員大多經驗豐富。多看幾間，找到與自己合得來的負責人會更好。

為什麼比起網路，前往不動產公司店面更好？

網路上刊登的房源，實際上有許多已經招租結束，還有一些是為了吸引客戶的「誘餌房源」。此外，儲物空間的深度、房間的氛圍等細節，在網路上很難獲得準確資訊，因此直接前往不動產公司諮詢會更有效率。

\不動產公司的小祕密/

確認宅地建築交易業許可證號碼

不動產公司名片或網站上會列出宅地建築交易業許可證號碼，括號內的數字為每5年更新一次證照的次數，1至5年是（1），6至10年是（2），數字愈大表示營業年數愈久。

可以這樣和不動產公司協商

第一次開始獨居生活

諮詢前告知你的需求，會更好瞭解實情、找到符合條件的房子。事實上，常有最初考慮條件與最終選定房子不同的情況。

\不動產公司的小祕密/

只諮詢也OK！

不用擔心是不是當天就要參觀房子或確定申請，可以在預約時事先告知「只是想諮詢」。當然，也要清楚表達自己有意簽約。

租金多少才合適？

租金應該占淨收入的3成。事先設定每月可輕鬆支付的最高金額，再詢問希望地區的租金行情。

如何選擇地點和格局？

要優先考慮自己的生活方式，比如：距離公司或學校30分鐘內可到、週末想安靜待在家裡等等。租金和地點之間的平衡很難拿捏，建議仔細諮詢。

\不動產公司的小祕密/

網路房源要盡快預約參觀！

如果在網路上找到房源，記得確認能否當天或隔天就參觀。因為有些房源可能是「誘餌」，隔太久再去參觀，可能會被告知「招租結束」，導致浪費時間。

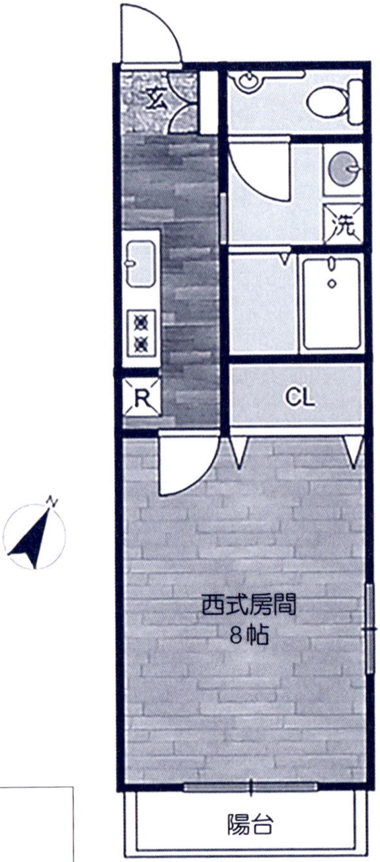

備註

諸如換鎖費、退租費、保證公司合約等。若註明「有告知事項」，通常是指過去曾發生事故、事件或糾紛。

設備

電力、瓦斯、網路環境等，是房屋或建築物本身所具備的主要設備。有些設備可能沒有列出，需要特別確認一下。

分辨理想房間

不動產廣告是資訊寶庫

瞭解專業術語和看法，就能正確判斷租金、格局、設備等是否符合自己的需求。

交通

以「步行1分鐘＝80公尺」計算至最近車站所需時間，不包含等紅綠燈或是平交道等因素。

建築結構

主要類型包括鋼筋混凝土構造（RC）、鋼骨鋼筋混凝土構造（SRC）、鋼骨構造（S）、木造等。每種結構在隔音、耐火、耐震性方面各有不同。如果對環境噪音較敏感，建議選擇SRC構造。

專有面積

除房間本身外，還包含玄關、廚房、浴室、廁所等所有使用空間的總面積。在都市地區，單身公寓的標準面積約為25㎡。

房屋朝向

方位標示代表房屋朝向，可用來判斷採光狀況。不過這僅供參考，建議白天時親自至現場確認。

租賃公寓大廈【1K】

●●線「●●站」步行10分鐘

物件名稱	公寓大廈●●
最近車站	●●站
房型	1K
租金條件	租金62,000圓　禮金：1個月　押金：1個月

地址		●●縣●●市●●3丁目		
交通		●●線●●站　步行10分鐘		
建築資訊	建築結構	RC（鋼筋混凝土）		
	專有面積	27.00㎡		
	格局	西式房間8.0帖（4坪）・K（廚房）		
	房屋朝向	東南		
建造年分		20××年11月	合約期限	2年
停車場		無		
管理費等		3,000圓／月		
現況		空屋	可入住日	即時
設備		都市瓦斯／室內洗衣機放置處／乾濕分離衛浴／衣櫃／木質地板／空調／獨立洗手台／電磁爐／陽台／光纖網路		
備註		需加入保證公司2年　11,000圓 換鎖費　12,000圓		

現況與可入住時間

會註明可入住日；若現況註明「預計空出」，代表目前仍有人居住，通常不可入內參觀。

合約期限

指房屋租賃合約的有效期間，大多為2年。若要續租，通常需支付續約費給房東。

找房時應該重視什麼？

坪數、到車站的距離、採光條件……

想像實際的生活狀況，思考哪些條件對自己最重要。事先決定條件的優先順序，可以讓找房變得更輕鬆。

《找房時的**重點考量**》

□ 到車站的距離

步行5～7分鐘的房源性價比較高。租金比步行5分鐘內的房子低，且不容易受列車噪音影響。但可能有的路上人煙稀少，需在看房時確認。

□ 地區選擇

以上班或上學的便利性為基準考量。確認公車班次與電車換乘次數，建議單程通勤時間控制在30分鐘內。

□ 採光條件

房屋朝向通常指陽台的方向，採光好的順序為南→東→西→北。不過，向南未必最好，仍需考量樓層高度及周圍建築影響，建議親自到現場確認。

□ 格局

格局會影響租金及生活舒適度。選擇時，需考慮家具與物品的擺放空間、是否要區分用餐區與臥室等。距離車站較遠的房源，通常條件會更理想。

□ 安全性

有自動門禁且位於二樓以上的房子，防盜性較高。此外，應確認陽台是否容易被外面看見，以及若有外部樓梯，房間出入口是否過於顯眼，也是需要檢查的重點。

□ 邊間房

僅有一側與鄰居相連。通常至少兩面牆會有窗戶，採光和通風好。生活噪音也較不易影響他人，適合注重隱私與安靜環境的租客。

＼不動產公司的小祕密／

決定好優先條件！

如果對條件過於講究、什麼都想要，可能很難找到符合期望的物件。待在家裡的時間較長的話，可以優先考慮採光良好的房子，適當妥協與車站的距離。找房關鍵就在於，根據自身生活方式來適度縮小篩選條件。

「住進去才發現！」獨居生活前輩的建議①

初次獨居生活，難免會有失誤。
以下整理出過來人的真實經驗與建議，供各位參考。

生活動線也很重要！

從車站回家的路上最好要有超市。如果超市位於必須先回家再出門去買的地方，就會讓人覺得購物很麻煩。（M・Y）

學會辨別事故物件

「事故物件」指的是曾有住戶在房中去世，這類資訊通常會標註在不動產資料上。不過，事故物件的定義仍存在一些模糊之處，簽約前最好向不動產公司確認清楚。（A・K）

沒有乾濕分離，讓人無法放鬆

我為了壓低租金，選了沒有乾濕分離的房子（浴室、洗手台和廁所都在同一空間）。因為浴室狹小，感覺根本無法放鬆。想要舒適的沐浴時間，避免選擇這樣的房型比較好。（S・N）

廚房比預期的狹小

當真正開始做菜時，只有一個爐口的廚房就感覺非常狹小且不方便。現在回想起來，找房時就應該與家裡習慣的廚房大小做比較並確認。（N・D）

一定要確保收納空間！

這間房間完全沒有收納空間，我原本打算入住後再買收納家具，但搬進去後，地板很快就堆滿東西……真的找不到收納的地方，超困擾的。（A・K）

看房時的檢查重點

參觀感興趣的房子！

現在也能影音線上看房，但還是建議實地參觀，這樣可以親自感受氣氛並檢查細節。

看房時的攜帶物品

- □ 捲尺
- □ 手機、相機
- □ 房間平面圖
- □ 指南針
- □ 便條紙
- □ 書寫工具

《配置家具後的動線》

想像一下如何擺放家具。除了布局外，還要注意門窗、插座等位置，確保動線順暢。

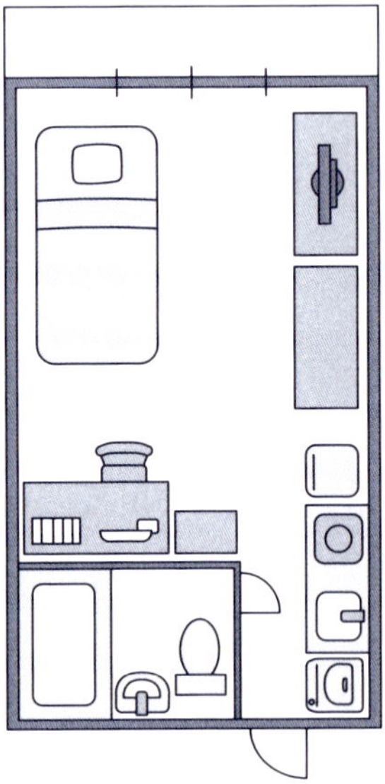

若已經決定好要帶、或者打算購買的家具或家電，最好在看房前先測量尺寸，確認是否能放進房間。

《大樓管理狀況》

留意垃圾處理區和郵箱等共用部分，這些地方會反映出住戶禮儀和管理公司的狀況。如果管理狀況不佳，入住後遇到問題時，可能沒辦法獲得有效處理。

白天和晚上都檢查一次周邊環境

街道的氛圍和環境，白天和晚上可能會有很大的變化。白天很熱鬧的地區，晚上人流減少便會顯得冷清。建議白天和晚上各走一遍，看看到最近車站的距離與周圍環境。

用捲尺測量

看屋時別忘了「量尺寸」。一開始就測量好，可以省去再次訪問的麻煩，之後也更方便。以下是建議測量的地方。

- ☐ 洗衣機放置處
- ☐ 收納空間
- ☐ 玄關等處的門
- ☐ 冰箱放置處
- ☐ 窗戶
- ☐ 瓦斯爐

防盜檢查重點

獨居生活的女性更要注意「防盜性」，
實際確認一遍很重要。

☐ 郵箱有沒有鎖

郵箱通常設在共用區域，可能會發生郵件被偷的情況。若確認沒有鎖，也可以後續加裝。

☐ 鑰匙的形狀是「凹凸鑰匙」

鑰匙類型大致有5種，最常見的是圓盤式旋轉鎖芯鑰匙，有一定的防盜設計。不過，如果想提高防盜性，可以選擇凹凸鑰匙。這種鑰匙有多個大小不一的凹槽，結構較複雜、防盜效果好，常用於金庫鎖。

☐ 大樓入口

入口一帶應該保持燈火通明，讓外面的人也容易看到。

☐ 是否有容易侵入的路徑

如果建築物周圍有圍牆或樹木等，可能會成為進入二樓陽台等地的立足點，容易被侵入。

☐ 玄關門是否為一門兩鎖

如果一扇門有2把以上的鎖，入侵者就需要花更多時間進入，可有效防止偷竊。

不動產契約中需要支付的費用

押金、禮金等……

實際租房時需要準備多少錢？
簽約前瞭解一些
金錢基礎知識是很重要的。

《簽約時需要支付的費用》

名稱	意思	市場行情
押金	提前支付給房東或管理公司，以防止租金拖欠，或用來作為退租時的恢復現狀費；如果沒用到會退還。	1～2個月的租金
禮金	支付給房東，以表示感謝；退租時不會退還。不過最近不需要禮金的房源愈來愈多。	1個月的租金
仲介手續費	支付給仲介出租房屋契約的不動產公司的手續費，只有在簽訂合同後才需支付。	0.5～1個月的租金
火災保險費	承擔契約期間發生火災、漏水等事故時的保險費用。基本上是自願加入，但大多數情況下會包含在契約條件中。	2萬圓／2年（依保險內容而異）
預收租金	在簽訂契約的時候提前支付入住當月的租金。如果是月中入住，會按日計算。	1個月的租金（也有按日計算的情況）

這些費用也可能產生

名稱	意思	市場行情
保證公司服務費	支付給擔任連帶保證人的保證公司。契約時需要支付首次保證費，每1～2年需再支付更新保證費。	〈首次保證費〉0.5～1個月的租金〈更新保證費〉1萬圓
鑰匙更換費	當租客更換時，為了防止盜竊，需更換鑰匙和鎖芯。基本上是任意的，但大多數情況會包括在契約條件內。	1～2萬圓（依鑰匙種類而定）
室內消毒費	入住前對房屋進行蟑螂等害蟲驅除、消毒殺菌、除臭除菌的費用。可能會包含在初期費用中，但由於是任意選項，不需要也可提出。	1～2萬圓

租金之外的費用也要確認

考慮房源時，大家常常會注意到租金，但也可能產生像是管理費、共同維護費等管理共用區的額外費用，建議在簽約前進行確認。

＼不動產公司的小祕密／

不需要押金和禮金真的划算嗎？

這樣確實能減輕初期費用，但也可能出現「租金或退租時清潔費較高」、「必須加入保證公司」等情況。換言之，雖然不需要押金和禮金，但可能在其他項目中加收。如果只是不需要禮金，這是房東的好意，不會有任何不利。

避免損失的租金談判方法

租金最終由房屋擁有者決定，因此並非完全無法談價。如果房源年數較老、空置已久，或房東是個人持有，可能更容易進行談判。由於窗口是不動產公司負責，不妨先諮詢看看。建議在申請入住之前進行諮詢。

＼不動產公司的小祕密／

費用負擔可參考「紛爭防止條例」

為了避免承租人（租客）的利益受損，東京都制定了〈賃貸住宅紛爭防止條例〉。該條例明確規範了入住房屋中的設備修繕費、退租時的恢復原狀費等，這些過去容易引發爭議的費用，由出租人和承租人共同負擔。契約內容會包含相關文件，建議在簽約前先行查看。

決定好房子後該怎麼做？

確認從申請到入住日的流程！

如果找到喜歡的房子，
就可以開始簽約了。
申請後會進行入住審查，
別忘了確認所需文件！

《準備申請文件》

入住申請書上，需填寫租客的姓名、住址、工作單位等。「緊急聯絡人」不需要揹負金錢責任，也可以填寫家人以外的人。應外，還需要提供身分證明文件。

《入住審查》

房東或業主會依據入住申請書，審查租客的支付能力、是否可以放心出租等等，通常需要等3天～1週的時間。

《契約文件的各種事項》

租客需要準備的文件

審查通過後，便可正式簽約！準備好下列必要文件，再前往不動產公司。
有些文件需要等一段時間，或需要到役所辦理，建議提前準備。

- □ 收入證明（源泉徵收票、個人事業主需提供納稅證明等）
- □ 連帶保證人※的住民票和印章證明
- □ 住民票（＝戶籍謄本）
- □ 印章證明
- □ 銀行印章及存摺

※有時會要求提供連帶保證人的收入證明。另外，某些情況下可以選擇使用保證公司代替連帶保證人。

不動產公司所準備的文件

不動產公司會提供基本上能瞭解租賃雙方約定事項的「租賃契約書」，以及寫有房屋資訊、租金、契約等的「重要事項說明書」，還有「火災保險相關文件」。若有保證公司，則會提供「保證公司契約書」；若是在東京都，還會提供「賃貸住宅紛爭防止條例文件」。

《確認租金起算日並決定搬家時間》

日	一	二	三	四	五	六
					1 開始尋找房間（前往不動產公司）→	2 →
3 →	4 →	5 →	6 →	7 →	8 →	9 →
10 ←	11	12 參觀感興趣的房源	13	14 →	15 申請→入住審查	16
17	18	19	20	21	22 簽約	23
24	25	26	27	28	29	30
31 交屋、入住（開始計算租金）→						

通常申請後約2週～1個月開始計算租金

「入住日」指的是開始支付租金的日子，而非實際搬家日。入住日會在審查通過後，簽訂租賃契約時確定。如果是空屋，大多數情況下會在申請後2週～1個月內開始計算租金。有想要入住的日期，可以在申請時與不動產公司商量。

＼不動產公司的小祕密／

檢查契約中的特別條款！

於一般契約中附加、由租賃雙方簽訂的特殊約定，即為「特別條款」。包含續約費或是違約金等重要事項，最好拍照保存，以便隨時查看。

取得報價的方法與時機

搬家業者的選擇方式與費用行情

決定好房子就可以搬家了。
為了盡可能降低搬家成本、減少心力上的消耗，
請事先做好準備！

取得報價資訊

為了決定搬家公司，首先要取得報價。
可以利用「一站式報價網站」，從多家業者中篩選出3～4家，並申請「到府估價」。透過實際確認行李量，不僅能提高報價的準確性，還可以與工作人員直接討論需求。
各家公司都有提供適合單身族的方案，建議比較價格與服務內容。同時向多家業者索取報價資訊，也能讓議價更容易。

搬家費用比較便宜的時期

搬家費用會因需求變動。
一般來說，單身搬家的費用約4萬圓，但在3～4月的旺季，可能飆升至7萬圓以上。如果想省錢，建議避開旺季及每月月底、月初，選擇週二至週四的下午或不指定時間方案，會更划算。
部分搬家公司會提供「搬家優惠日曆」，可以上網查看最便宜的搬家日期。

小心額外費用

「新家沒有電梯，搬家過程更費工」、「門寬不足，必須用吊車搬運家具」、「行李太多，無法全部裝進準備的貨車」等情況，都可能產生額外費用。因此，報價時請如實提供地點條件及行李數量。此外，若搬家當天打包未完成，也可能被收取額外費用喔！

COLUMN

搬家前
檢查新家的這些地方！

地板和牆壁的刮痕記得拍照存證

搬運行李前，先檢查整個房間。若發現任何問題，應盡快聯絡不動產公司或房東。此外，明顯的刮痕或汙漬要拍照存證，因為如果無法證明這些問題在入住前就已存在，退租時可能會被要求支付修復費用。

□ 是否有漏水或發霉現象

在廚房、洗手台、浴室等用水區域，試著讓水流一段時間，確認是否有漏水或阻塞問題。沒有窗戶的浴室或廁所容易產生黴菌，也要特別注意。

□ 設備是否正常運作

檢查對講機、排風扇、冷氣、熱水器等內建設備，實際開啟測試，看看是否能正常運作。

□ 門窗安裝是否有問題

尤其是屋齡較高的房子，可能會有門窗開關不順暢的情況，請務必確認是否能順利開關，並檢查是否能正常上鎖。

建議拍攝時不要用手機，
用難以修改的拋棄式相機，
這樣相片會顯示日期，
證據的效力更高。

□ 牆壁或地板是否有明顯刮痕或汙漬

檢查牆面是否有變色或破損，地板是否有家具摩擦造成的刮痕或凹陷。若發現明顯損傷，請拍照存證。

高效整理打包的技巧

不是只要塞進去就好

最理想的打包時間是搬家前約3週。掌握一些技巧，讓新家的開箱整理更順利！

1 將物品區分成搬家後「馬上要用」和「不急著用」的

打包原則是先收拾使用頻率低的物品，並考慮這些物品應該放在新家的哪裡，整理起來會更輕鬆。建議搬家前1～2週，就可以開始打包日常用品。可用膠帶固定衣物收納箱的抽屜，整箱搬運。存摺、貴重物品及貴重金屬則應自行攜帶，避免遺失。

搬家後馬上要用的物品建議用行李箱收納，既一目瞭然，又方便放在最後打包！

馬上要用的物品

- 衣物
- 衛生紙
- 盥洗用品、化妝品
- 抹布、垃圾袋等打掃用品
- 窗簾
- 砧板、菜刀、筷子、碗盤等基本餐具
- 手機充電器
- 剪刀、美工刀等拆箱工具

不急著用的物品

- 當季不會穿的衣物與鞋子
- 當季不會用到的家電
- 書籍
- CD
- 照片、信件等回憶物
- 玩偶、小裝飾品
- 清潔劑等日用品的備品
- 使用頻率較低的鍋具與餐具

2 多準備一些紙箱

一個人搬家時，通常需要 10～15 個紙箱。紙箱主要有 3 種尺寸，許多搬家公司會免費提供。建議事先確認所需數量，並多要一些，以備不時之需。

打包完成後，請在紙箱側面用大字標註內容物和存放位置，例如「外套／衣櫃」，這樣在搬入時能按照區域分類，減少整理時間。

S尺寸	M尺寸	L尺寸
書籍、餐具等較重的物品	生活用品、衣物等	體積較大的衣物
容量：可放50～80本文庫本（A6大小）	可放30～45件T恤	可放7～12件外套

3 有計畫處理不需要的物品與垃圾

搬家是清理不需要物品的好機會，打包時可以順便篩選。建議提前制定規則，例如：超過 3 年沒用過的物品就丟棄，這樣就不會猶豫不決。家具、棉被等大型物品，可利用當地政府的大型垃圾回收服務，大多數情況下需事先預約，近期的回收可能較難安排。為了能清爽迎接新生活，請提早準備！

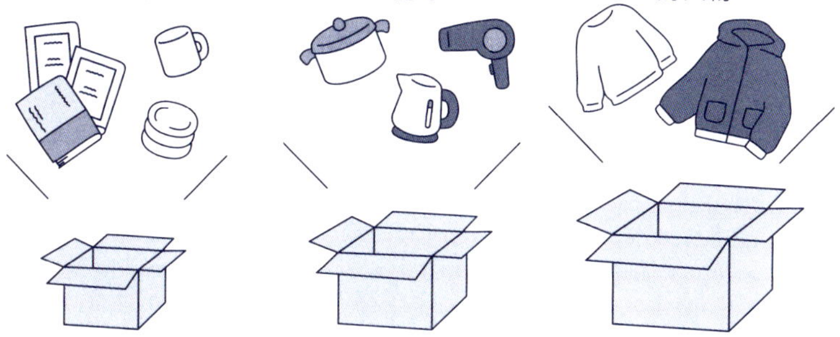

搬家時必須辦理的手續

開通生活基礎設施與變更地址

開始獨居生活時，需辦理各種日常生活相關手續。為了確保不遺漏地順利完成，建議製作一份檢查清單。

入住前必須辦理的手續

項目	需要做什麼？	所需文件／物品
瓦斯、電力、自來水	搬家前1～2週內，可透過電話或官網聯繫入住後將使用的公司或機構，辦理開通手續。	—
網路線路	搬家前1個月，透過電話或官網聯繫網路服務供應商。部分房屋可能需要進行網路開通工程，若希望搬家後立即使用，特別是在3～4月搬家旺季時，請盡早確認。	本人身分證明文件
遷出申報	搬家前14天至當日內，需向舊住址所在地的役所提交「遷出申報」，並領取「遷出證明書」。遷出證明書為辦理遷入登記時的必要文件。若搬家地點仍在同一市區町村內，則只需於搬家後14天內提交「遷居申報」即可。	本人身分證明文件（各地政府規定不同，請事先確認）
社會保險地址變更	需向雇主公司提出申請，雖然沒有明確的申請期限，但建議盡快辦理。	—
國民健康保險地址變更等	搬家後，手續方式依是否跨市區町村而異。若搬遷地點仍在同一市區町村內，只需變更地址即可。 若搬遷至其他市區町村，則需在舊住址的役所辦理「國民健康保險資格喪失」手續。建議與遷出申報一併辦理，以提高效率。	國民健康保險證、本人身分證明文件
郵件轉寄申請	可至最近的郵局辦理，或透過郵箱投遞申請表、官網提交。舊住址的郵件將可免費轉送至新地址，服務期限為1年。	本人身分證明文件

瓦斯開通當天需親自到場！

開通瓦斯時，法律規定必須有人在場以確保安全。整個過程需約20～30分鐘。申請時需指定使用開始日（搬家當天）及希望的訪問時段。為了能在搬家當天立即使用瓦斯，請盡早預約。如果本人無法到場，也可以請家人、朋友或房東代為處理。

《搬家後必須辦理的手續》

項 目	需要做什麼？	所需文件／物品
遷入申報	搬家後14天內，需攜帶遷出證明書至新住所所屬的市或區役所辦理遷入手續。如果持有個人編號卡（My Number Card），應一併辦理住址變更。	遷出證明書、本人身分證明文件
國民健康保險手續	搬家後14天內，需至新住所所屬的市或區役所辦理手續。如果是跨市區搬遷，需重新加入國民健康保險；若是在同一市區內搬遷，則只需辦理住址變更。	遷出證明書、本人身分證明文件
年金的地址變更	厚生年金（＝勞保）的地址變更需向雇主公司申請。國民年金方面，如果個人編號已與基礎年金號碼綁定，則無需申請變更；若未綁定，則需至新住址所屬的市或區役所辦理變更手續。	—
駕照地址變更	需至新住址所屬的警察局或駕照考試中心辦理。此外，請別忘了更新銀行帳戶、郵局存簿、信用卡、手機門號等的地址資訊。	駕照、新住址證明文件（如健康保險卡等）

「住進去才發現！」獨居生活前輩的建議②

實際開始獨居，才會發現一些生活問題。
從前輩的失敗經驗中，學習找房和生活方式吧！

難以抉擇的搬家問候

我曾試著去鄰居家打招呼，但可能因為作息不同，總是碰不到人，最後拖了很久都沒打成招呼。後來聽朋友說可以在郵箱投遞毛巾或手寫信，下次再搬家的話我也想試試這個方法。（R・N）

退租費高達10萬圓!?預防刮傷的小撇步

因為不小心刮傷木質地板、物品掉落而導致洗手台破裂，退租時除了押金外，還被額外要求支付10萬圓……（哭）。早知道當初就先鋪上地板保護墊了……（R・Y）

沒有電梯的搬家問題

之前住的公寓沒有電梯，因為住在二樓，覺得應該沒問題，結果搬家時超級辛苦……後來才知道，有些搬家公司對於沒有電梯的建築，會另外收取額外費用。（S・N）

遠距工作後，才發現牆壁太薄是大問題

當初看房時應該仔細確認牆壁的厚度才對。鄰居的生活噪音讓我完全無法專心工作！雖然有請管理公司協助溝通，但問題還是沒有改善，最後住2個月就決定再次搬家了。（R・Y）

向北房子的晾衣問題

我白天不常待在家，因此覺得住向北的房子也沒什麼影響，結果發現衣服根本曬不乾……（尤其是冬天）。而且還有發霉的隱憂，所以打算添購一台除濕機。（N・K）

丟垃圾的時間出乎意料地重要

垃圾收運的時間通常是固定的，如果與自己的生活作息不符，久而久之就會變成一種壓力。我因為工作的關係，作息偏向夜生活，早上要倒垃圾實在太痛苦，最後選擇了可以24小時倒垃圾的房子。（M・K）

PART ▼ 2

讓你想回家、邀請客人來的房間布置

監修／
成島理紗
（oheya-arrangement）
Asuka
Masato
Mico

零失誤的房間布置技巧

確定房間的布局與風格

要打造出讓人想回家的房間，首先要決定好布局與風格。接下來將詳細介紹這些概念的考量方式。

1 如何決定布局

想像大型家具的擺放位置

一般來說，先從大型家具開始擺放，比較不容易出錯，例如：床→沙發→電視櫃→桌子。就像打包行李一樣，先擺放大件物品，可以避免浪費空間。

2 如何決定布局

依據插座位置想像家電的擺放位置

大多數房子的電視插座與插座位置是固定的，無法更動。如果電視插座的位置已確定，那麼電視櫃的位置也大致確定了。接著，可以依照這個基準，安排沙發→桌子→收納櫃等家具的位置。

3 如何決定布局

根據房間用途安排家具的擺放位置

也可以將房間劃分為不同用途的區域，如下圖將床鋪區劃分於陽光充足的陽台側、工作區則考量配線問題而劃分在靠牆處。先決定房間用途，再擺放必要家具，即使是單間小套房，也能營造出層次感。

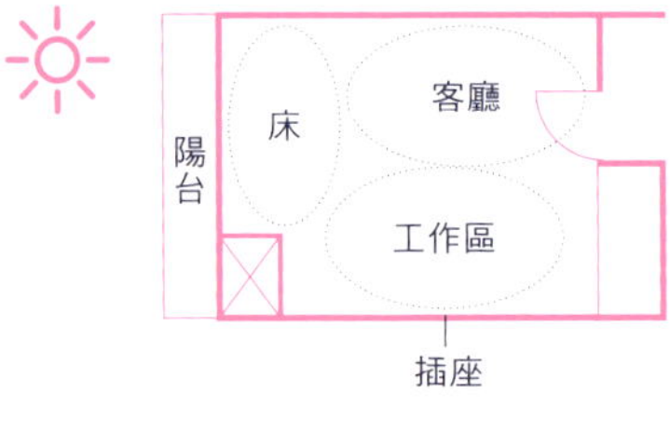

《決定風格的方法》

理想中的房間是什麼模樣？

購買新家具或家電之前，首先要瞭解自己想住的房間風格。建議利用Instagram或Pinterest，收集幾張自己喜歡或想住的房間圖片！確定理想房間的風格、概念以及主題顏色（最多3個顏色），購物時就不會迷茫，也能打造出統一且有品味的房間。

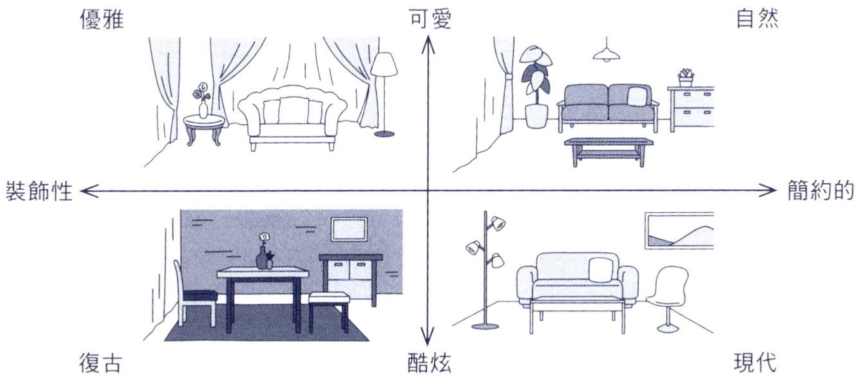

《意外地容易忽略的房間布置注意事項！》

1 有遠端工作（居家工作）的可能性嗎？

如果有居家工作的可能性，除了背景問題，還要設置好能讓你專心工作的地方，將電腦擺放在適合的位置。

2 門的開關是否順暢？

購買或安置床和櫃子之前，務必確認門和抽屜是否能順利開關，並精確測量，確保布局不會妨礙使用。

3 從事興趣活動需要多少空間？

舉凡興趣是瑜伽或在家鍛鍊，應考慮是否有足夠的空間來安排做這些活動的區域。

零失誤的家具、小物選擇技巧

選擇家具和小物的重點

從靠枕、照明、裝飾品等小物件開始購買並不是好主意，應事先瞭解家具和室內裝飾的選擇方法及購買技巧！

從大型家具開始考慮！

家居裝飾用品店有很多可愛小物，價格也很親民，容易讓人衝動購買，但最重要的是先確定好大型家具。選擇與房間的概念或主題顏色相符的家具，可以讓房間有統一與和諧感。

選擇大型家具的方法

窗簾和寢具是第一優先

最應該優先購買的大型家具，就是有防盜性的窗簾，以及生活中要立即使用的寢具。此外，這兩者會占很大的空間，需選擇符合房間概念的顏色和材質。

家具的面積和高度盡量保持一致

如果家具的面積（深度）和高度不一致，擺放後可能使房間出現不必要的凹凸感，不僅讓房間顯得狹小，還會造成碰撞等困擾。此外，選擇低矮的家具、避免使用過高的家具，能減少壓迫感。如果保持面積和高度一致，未來也方便重新擺放。

選擇帶收納空間的家具

房間狹小的話，帶收納空間的家具將是你的好幫手。例如，可作為電視櫃的帶收納空間矮櫃，以及各種帶收納空間的床、沙發、桌子或凳子等。選擇具有收納功能的家具，不僅能高效使用空間，房間也會顯得更寬敞。

選擇帶門可調棚架的收納家具

想讓房間看起來更寬敞，就需減少顏色並保持統一感。然而，書籍的封面、化妝品等生活用品充滿了各種色彩。為了能快速整理這些物品，可以選擇帶門的收納家具。如果是可調式的架子，還可以減少收納空間內的死角。

《選擇小物的方法》

裝飾數量要精簡

裝飾房間時，會想擺上照片、植物、擺飾或明信片等各種小物，但如果空間較小，建議控制在3件左右。比起把空間擺滿，刻意留白反而能營造出時尚感。

材質與色彩搭配統一

透過統一抱枕、床罩、被子的材質與色彩，可以讓房間呈現一致的風格。主要色調控制在3種以內，並使用亞麻布類作為點綴色也是很棒的選擇。

正面看
呈三角形的擺設更佳

在層架或抽屜櫃上擺放小物之時，可以嘗試擺成三角形構圖。這樣能夠增加層次感，讓空間看起來更寬敞整潔。這種強調高低差的「三角構圖」技巧，也常用於插花藝術中。

用間接照明
讓房間看起來更寬敞

間接照明能營造放鬆的氛圍，放在床邊還能作為睡前閱讀燈，一舉兩得。若將光線投射到牆壁或天花板，則能藉由光影效果讓房間看起來更寬敞。

進階裝飾方法

選擇兼具功能性與裝飾性的小物

像是藝術感十足的燈具、展示型飾品盤、帶收納功能的紙巾盒等，選擇這類兼具實用與裝飾的小物，能讓日常用品看起來像是在「展示」。

注意垃圾桶、毛巾等細節

例如選擇不易看見內部垃圾的垃圾桶設計，可營造出飯店或樣品屋氛圍。毛巾等布料用品的色彩與材質統一，則能維持一致的整潔感。

空間單調
就放觀賞植物

不僅是房間，玄關等容易顯得單調的空間也很推薦擺放觀賞植物。最近市面上出現許多看起來並不人工的仿真植物，有的甚至經光觸媒處理而具備空氣淨化效果。不需土壤的空氣鳳梨也很適合，有壁掛型或垂吊型等多樣化的擺設方式。

單間小套房也能透過巧思打造舒適空間

一個人住也能讓空間看起來更寬敞的方法

不僅是家具的選擇和擺設方式，透過室內設計的色彩和材質，以及視覺效果上的巧思，也能打造出寬敞的空間感。

POINT 1

注重視線高度的家具擺設

進房時如果正面擺放高大的家具，會讓房間看起來比實際狹小。為了讓視野看起來更寬廣，建議將高家具擺在房間的前方，房間愈深處就擺放愈矮的家具。

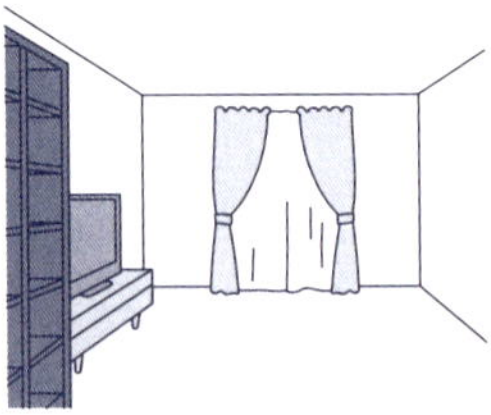

POINT 2

優先選擇矮家具

家具數量愈少，房間使用空間就愈大。如果要添購新家具，可盡量選擇較矮的款式。低矮風格的家具可以營造出開放感，房間愈小選擇低於視線高度的家具會更合適。

POINT 3

選擇帶門的家具

選擇高度較低的帶門抽屜櫃或客廳收納櫃，不僅能輕鬆隱藏物品，還能在上方享受擺設的樂趣。此外，建議選擇內部層板可調整的款式，能更有效率地收納高度不同的書籍等物品。

POINT 4

避免在平面擺放雜物

盡量不要在桌子、書桌、層架等「平面區域」擺放物品，也不要讓東西隨意散落。平面上有物品會讓視線集中於此，使房間看起來雜亂且狹小。請謹慎挑選物品，並為每樣物品規劃固定的收納位置。

POINT
7
創造視覺焦點

讓視線集中於房間某塊區域，能產生空間看起來更寬敞的視覺效果，此即「視覺焦點（Focal Point）」，飯店房間內的裝飾畫作就是典型代表。可以利用畫作、照片、帶有裝飾性的小物或觀賞植物，打造出視覺焦點。

POINT
8
主色調選擇會讓空間看著寬敞的顏色

如同穿衣搭配，深色系會收縮空間感，淺色系會延展空間感。若想讓小房間看起來更寬敞，建議將室內主色調統一為白色、米色、淺灰色等明亮柔和的顏色。喜歡的顏色可以用在靠枕套或藝術品等，作為強調色。

POINT
9
隱藏電線和線材

雜亂的電線和裸露的線材會讓房間看起來更擁擠。更重要的是，凌亂的線材容易積灰塵、增加火災風險，非常危險。可使用容易隱藏線材的電線收納盒等工具，盡量將電線和配線藏起，營造整潔的空間。

POINT
5
善用「鏡子」的效果

可利用擺放鏡子來反射，讓空間看著更寬敞。在空白牆面上安裝鏡子，能營造出空間延伸的深度感。建議選擇兼具裝飾效果的鏡子，或輕巧且不易破碎的鏡面貼。

POINT
6
不要在地板上擺放物品

光是做到這點，就能讓房間看起來更寬敞。比如工作包等難以找到固定收納位置的物品，經常被隨意放在地板上，這會讓房間看起來凌亂，絕對NG！可以利用籃子或收納盒創造臨時的收納空間，避免隨手亂放。

目標是成為會完美收納的衣櫃達人！

簡約生活收納術①

衣櫃

小型衣櫃容易導致收納混亂，從吊掛、摺疊、分區到選擇衣架等，本篇將介紹成為衣櫃達人的祕訣。

上層

收納使用頻率較低且輕便的物品，如非當季的寢具或泳衣。另外，可善用壓縮袋或附蓋收納盒來防塵。

中層

可利用吊衣桿，收納使用頻率高的衣物，或是需要吊掛的服飾、長版衣物等。

依長度分類吊掛

中層吊掛的衣服請依衣長分類，從短到長依序排列，不僅美觀，拿取時也更加方便。

非當季衣物該怎麼辦？

獨居房的衣櫃空間往往不足，可以充分利用空的行李箱或床底下的空間。另外，推薦使用訂閱制的收納服務，讓他們代為保管非當季衣物或大型物品。

整理衣櫃的關鍵在於分區規劃

統一衣架

統一使用相同款式的衣架可以營造整齊感，讓衣櫃看起來更有條理。推薦使用防滑且纖細的款式。

分隔抽屜

可在抽屜內部使用書擋等工具分隔，將內衣或衣物直立收納，避免東倒西歪或被壓在底層。

下層

使用附抽屜的收納盒，收納內衣、襪子、手帕等可摺疊的物品，也可以用來擺放行李箱。

加標籤讓內容物一目瞭然

在收納盒或抽屜上貼標籤，有助於洗完衣物後快速找到正確的放置位置，拿取或整理時也能一目瞭然。

廚房

簡約生活收納術②

保持潔淨與便利性

廚房是處理食材的地方，必須時刻保持潔淨。廚房設計得時尚又方便料理與打掃，自己動手做料理也會變得更有趣！

可堆疊的鍋具超方便

選擇可拆卸把手的鍋具或可堆疊的保鮮盒，即使在小空間內也能輕鬆收納。

充分利用水槽下方空間

爐子下方放置平底鍋和鍋具、水槽下方放置調理盆和瀝水籃、抽屜收納餐具，根據不同區域的動線來規劃收納會更有效率。

確定餐具的數量

免洗筷、濕紙巾、餐具、碗盤和杯子等，事先決定好所需數量，避免不斷增加，造成雜亂。

利用便利小物充分活用狹小空間

三層收納架超實用

如果收納空間不足，推薦使用三層收納架。可以依照用途，分類收納保健食品、茶葉與咖啡組等。

善用吊掛來收納

採用吊掛或懸空式收納，打掃起來會更輕鬆，特別適合小廚房。盡量保持流理檯面無物品，營造出整潔感。

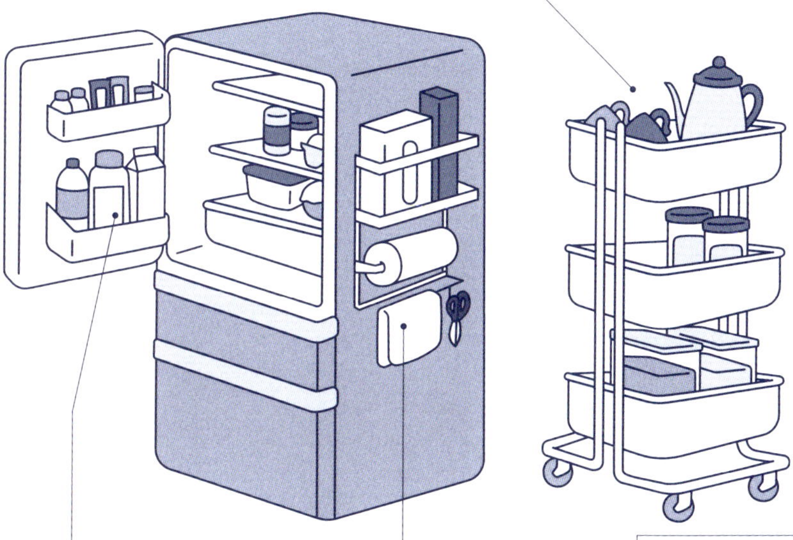

冰箱內也能當作收納空間

無法妥善收納的調味料等，也可以直立收納在冰箱內，一眼就能看到。

利用磁鐵收納

如果冰箱側邊等處可以吸附磁鐵，務必好好活用！使用吊掛收納到極致。

活用櫥櫃門內側與ㄇ型收納架

櫥櫃門的內側也可以加裝收納架，充分利用空間！水槽下方可放置ㄇ型收納架，避免形成死角空間。

巧妙布置也能打造出飯店風格

簡約生活收納術③
浴室&客廳

浴室採用懸空式收納，
客廳採用隱藏收納或展示，
即使是狹小的空間，
也能變成理想的簡約房間。

浴室最適合懸空式收納

洗髮精等用品掛在桿子上

將物品直接放在浴室地面或檯面上，容易滋生黏滑物且難以打掃，因此建議使用懸空式收納。可充分利用浴室內的毛巾桿，掛起瓶瓶罐罐！

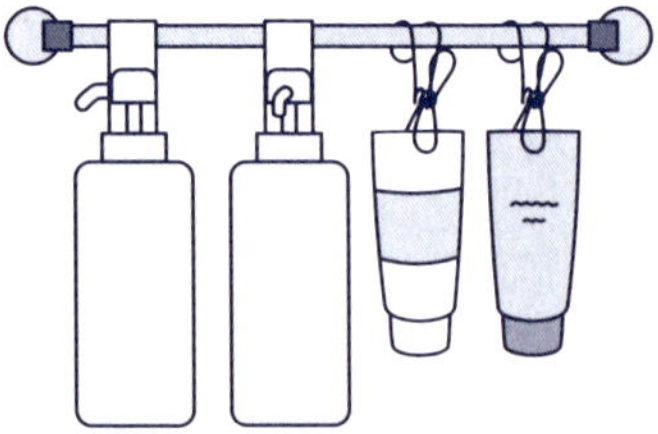

吹風機與電棒捲掛在櫥櫃門內側

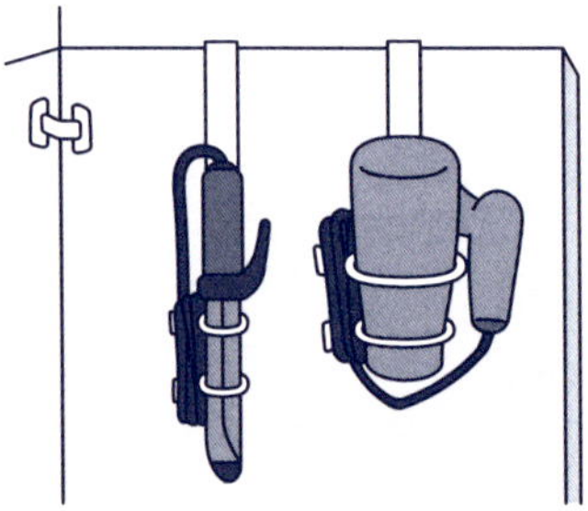

洗手台下方的收納空間可以用收納盒分類，例如：浴室用品組等。吹風機也可以用掛勾吊掛，使用時更方便。

洗手台也能使用懸空式收納！

可以在生活百貨商店購買無痕掛勾，將之貼在洗手台上，就能掛起牙刷、杯子等小物品。

收納客廳時明確區分出要「隱藏」和「展示」的物品

物品盡可能不放在桌上

桌面是物品最容易堆積的地方。即使是方便取用的衛生紙，也應換成收納盒，遙控器則要固定位置並維持整齊。

化妝品集中收納在籃子裡

化妝品可集中放進籃子並收納在桌子下方。包包也務必放入籃中，不要隨意擺放，收納於沙發或桌下以保持整潔。

養成將物品放回原位的習慣

讓生活更舒適的整理收納日常

打造讓人想回家的空間第一步，是在衛浴區和客廳桌面設計出能在外出或就寢前5分鐘內就快速整理好的系統。

ROUTINE

1

活用磁鐵收納！

冰箱側面、飲水機、玄關門、浴室牆面等，都可以利用磁鐵收納，不需鑽孔即可輕鬆增加收納空間。

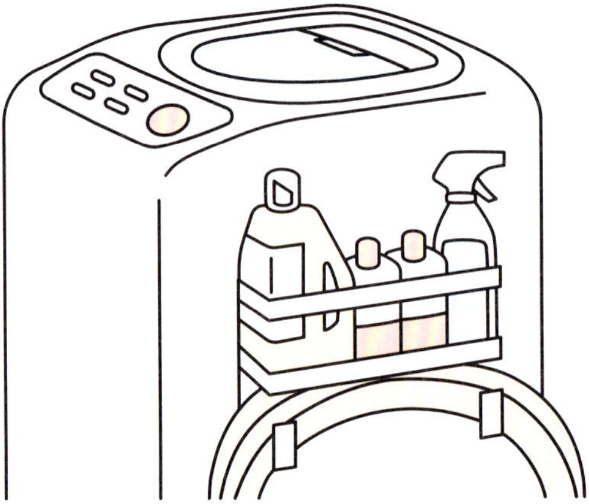

ROUTINE

2

利用門掛收納更方便

使用帽子掛勾或門掛勾，將物品掛在門上，一眼就能看到。玄關門加上磁鐵掛勾後，還可用來掛購物袋或雨傘。

ROUTINE
3
善用伸縮桿

在收納空間有限的租屋處，可善用伸縮桿或壁掛收納等來增加收納空間（如為租屋，事先與房東或管理公司確認會更安心）。

ROUTINE
4
限制文件數量並收納於盒中

廣告郵件或文件看過後立刻丟棄。僅未處理或重要文件放入檔案收納盒中，避免放在桌面上。

ROUTINE
5
不要過度增加偶像周邊

偶像周邊容易愈買愈多，可以先決定數量上限，避免過度累積，並設定好固定位置，區分哪些要收納、哪些要展示出來。

ROUTINE
6
養成早晚5分鐘整理的習慣

外出前與就寢前，養成花5分鐘整理衛浴區與桌面的習慣。醒來或剛回家時，就能在舒適的房間中放鬆心情。

向前輩請教，
打造理想房間的技巧
1

就像飯店一樣！極簡白色風格室內設計

打造房間時的重點是什麼？

RULE 1

以最少的家具營造出舒適空間

飯店房間的設備有限，但經過精心設計而讓人感到舒適。以此為範例，我也將家具的數量控制在最少。

RULE 2

透過小巧思減少打掃的麻煩

不在地板上放物品，避免使用容易積灰塵的開放式收納，盡量減少打掃的麻煩。

RULE 3

重視房間的「留白」

即使還有空間，我也會故意不放任何物品。我還留了一面空白的牆面，用來投放投影機的畫面。

RULE 4

以白色為基調，減少室內顏色數量

統一色調可以輕鬆營造出時尚感。我家基本上是以白色為主，並以銀色、淺灰色和透明材質作為點綴。

RULE 5

只保留精心挑選的物品

如果只是稍微喜歡就買，物品會無限增加，所以我只擁有那些真正愛用或喜愛的物品。

Profile

Asuka小姐

Asuka小姐作為「輕鬆極簡主義者」，提倡減少不必要的物品，過著讓喜愛的物品圍繞周身的生活。主要透過Instagram等社群媒體分享自己的生活，總粉絲數約40萬（截至2024年1月）。

Asuka小姐的家裡，地板、牆面以及室內裝潢都採純白色！住在像國外一樣洗練的房間裡。

她從學生時期就開始獨居，如今住的已是第四間房子。住進第一間房子時，她對室內設計毫無興趣，也對家沒有太多堅持。工作後住進第二間房子，才開始重新審視生活，決定處理掉多餘物品，讓喜愛之物圍繞左右，打造出一座專屬城堡，並開始以「輕鬆極簡主義者」的身分在Instagram上發布內容。

凝聚Asuka小姐生活美學的
第三間房間。

房間資訊

東京都內的1LDK公寓大廈

選擇房間的重點

- 交通便於前往市中心
- 災害風險低
- 房間有開放感
- 房間色調（以白色為基調）

如何布置房間？
STEP 1 收集資訊並確定房間的設計概念
STEP 2 尋找符合理想的房間或室內裝潢
STEP 3 決定最喜歡的家具擺放的位置
STEP 4 （如有需要）進行地板DIY
STEP 5 配置其他室內裝飾

第四間房子也是1LDK的房間，生活變得更加簡潔。

之後每次搬家，Asuka小姐都會努力打造出自己理想中的房間。

她特別注重房間的「留白」，從最新的第四間房間可以看出，放置的物品只有床、餐桌、椅子和全身鏡等。整體的色調統一為白色，使空間顯得格外寬敞。

「即使有很多東西，房間充滿色彩也能打造出可愛的感覺，但這需要高超的品味。相較之下，減少沒有品味的東西更容易，所以我現在的風格是將物品和顏色數量減至最小。」

Asuka小姐的理想是飯店房間。「飯店房間沒有多餘的東西，只有需要的東西，這樣的空間讓我感覺很放鬆。如果物品少

Asuka派 情報收集術

- 從家具商品名稱的標籤查找使用範例
- 想參考國外室內設計，可使用當地語言搜尋
- 查看飯店的室內設計來提升品味

喜歡韓國的白色室內設計，以「# 화이트인테리어（白色室內設計）」可搜尋到許多韓國的房間設計。

選擇家具的技巧

- 在網路上比較和評估許多家具
- 仔細查看尺寸和評論
- 使用製作平面圖的應用程式進行模擬

桌腳設計特別的韓式風格咖啡桌和透明餐椅，也是我在網路商店找到的最愛。

了，打掃也更輕鬆。」

不過Asuka小姐也表示，不是隨便減少物品就好。

「如果什麼都沒有，生活會變得無聊，這樣就失去意義了。自己的美感很重要，因此我提倡『寬鬆』的極簡主義；但也只會買真正喜愛的物品，控制收納的數量。」

要想實現這樣理想的生活方式，關鍵在於判斷物品的數量，選擇必要且控制在能保持舒適生活環境的量。

「每個人的理想不同，最好的方法是思考自己希望如何生活。房間不僅要可愛，還要能夠舒適地過日子。」

維持房間整潔的秘訣是什麼？

RULE 1

物品都有
固定的放置處，
使用完就歸位

RULE 2

購買時謹慎挑選，
買了新物品
就要放棄舊物品

RULE 3

每個季節
都要檢視一下，
處理不需要的東西

購買時的重點

- 不要購買「不需要的物品」！
- 只選擇與房間色調協調的物品
- 選擇兼具功能性和設計感的物品

我最喜歡IKEA的「HEMNES坐臥兩用床」，不僅外觀可愛，底部還有收納抽屜，非常實用！

讓生活更整潔的技巧

- 盡量將物品收納在內建的收納空間中
- 選擇隱藏式收納，而非展示型收納
- 不要囤積物品，需要時再購買

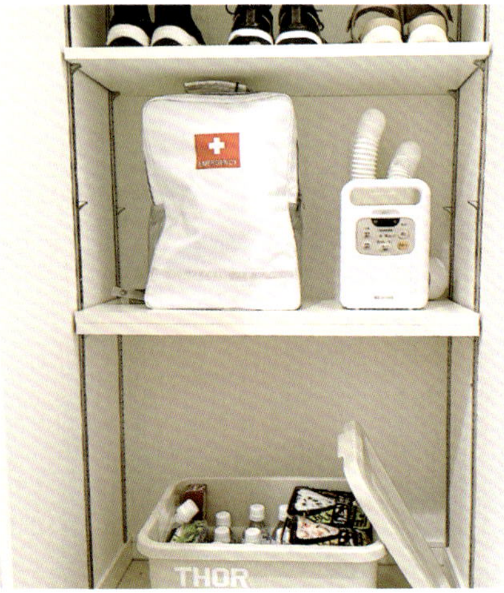

雖說不要囤積物品，但防災用品是必需品。我將應急背包收納在鞋櫃裡。

Asuka派 享受室內設計的點子

難得的獨居生活，
若住在讓人沒有依戀感的房間
實在太可惜了！我會分享一些
我試過覺得不錯的方法。

使用投影機 將影像融入室內設計

獨居生活中買過的好物之一就是投影機。比電視不占空間，將影像投射到牆面上、營造出一幅美麗的景象，還能創造出時尚的空間氛圍。

想改變風格 可使用可撕下的貼紙

可撕下的地板貼紙和壁紙，價格便宜又容易恢復原狀，對於獨居租屋的人來說是個可以輕鬆嘗試的DIY。如果預算充裕，推薦耐用且設計感強的卡扣式地板。

不時拍照下來 進行客觀評價

我會在Instagram上發布自己的房間，所以經常拍照。查看這些照片時，我也能客觀地判斷，比如「比想像中還要亂」之類的。

使用壁掛式收納 活用死角空間

在廁所這樣的小空間也能安裝，可有效利用空間。如果是要用釘書機或針固定的款式，就算不會在牆面留下明顯傷痕，還是要確認租賃合約後再做決定。

向前輩請教，打造理想房間的技巧
2

享受木材的溫暖和陽光的自然風格室內設計

打造房間時的重點是什麼？

RULE
1
從任何角度看都能成為喜歡的地方

不論是坐在沙發上、床上，我會巧妙地規劃布局，讓房間從360度任何角度來看，都讓人感到放鬆與舒適。

RULE
2
透過搭配才能呈現「時尚感」

即使是時尚的家具，只是單獨放置也無法展現出魅力。透過在旁邊搭配植物、燈光等，才能營造出更具吸引力的效果。

RULE
3
選用材質打造不同風格

我不擺放油漆過的家具，而是選擇木材、混凝土、藤編等具有素材感的室內裝飾，其中特別喜歡原木的風格。

RULE
4
限制房間內家具的數量

家具太多會降低布局的自由度，也會妨礙動線，因此我會精選需要擺放的家具，並選擇尺寸較小的物品。

RULE
5
觀看各種不同的房間，培養自己的「喜好」

現在這個時代，可以在社群媒體上觀看各種房間布局。我也是透過學習，在不斷嘗試中漸漸瞭解自己的喜好。

Profile
Masato先生

在Instagram上發布1K的獨居生活。自然風格的室內裝潢，以及從不同角度展現房間魅力的貼文，都相當受歡迎。興趣是旅行、攝影和音樂。

Masato先生的房間充滿綠意及自然風格家具，當明亮的陽光灑進僅8疊（約13平方公尺）的空間，竟意外地感覺非常寬敞。

「自從搬到這間東向的房子後，我完全變成了早起型的人。」

Masato先生在Instagram上分享的室內設計吸引了許多人關注。對此，他笑著表示：「我只是把喜歡的東西集結在一起，結果就變成了這樣而已。」

Masato先生最厲害之處正是將「喜好」付諸實行的行動力。

房間資訊

東京都內附閣樓的1K公寓大廈

選擇房間的重點

- 採光良好
- 天花板高度
- 沒有附帶的收納空間（布局限制較少）

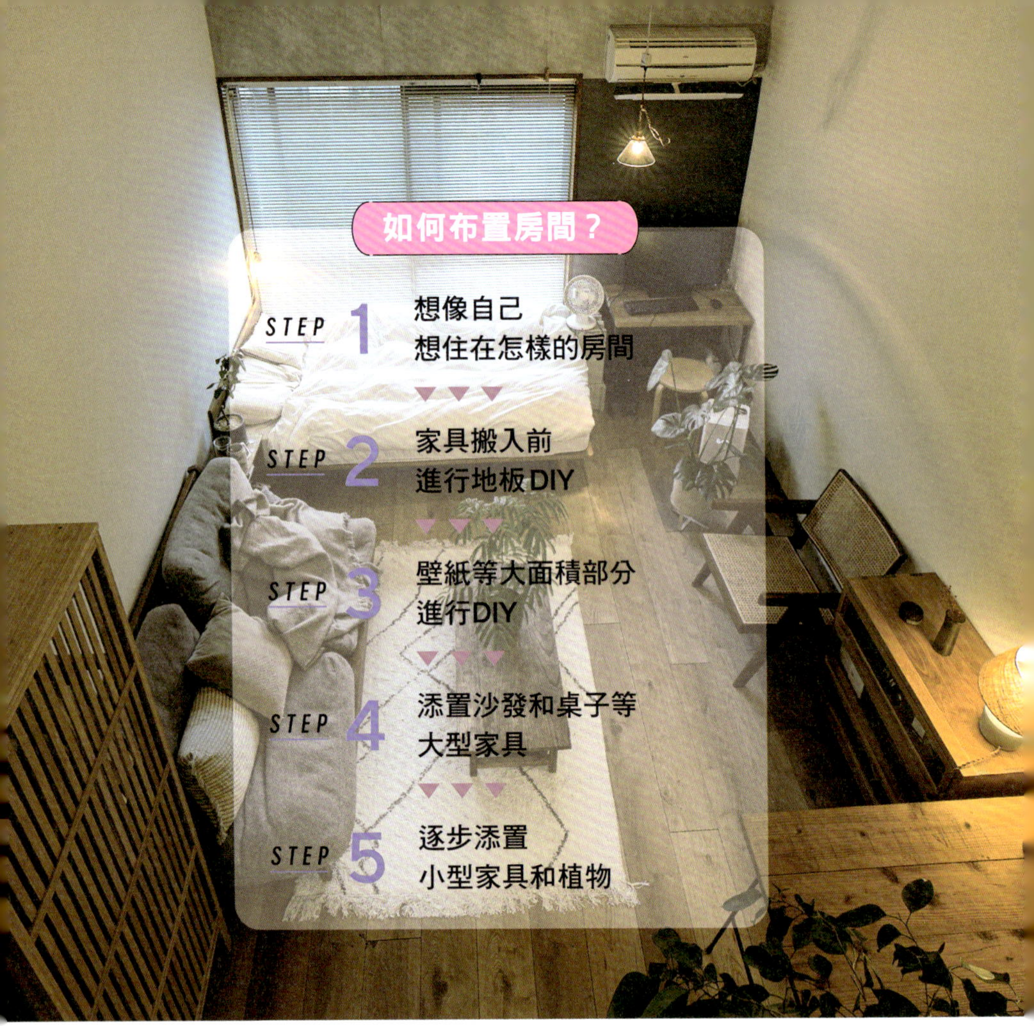

如何布置房間？
STEP 1 想像自己想住在怎樣的房間
STEP 2 家具搬入前進行地板DIY
STEP 3 壁紙等大面積部分進行DIY
STEP 4 添置沙發和桌子等大型家具
STEP 5 逐步添置小型家具和植物

Masato先生表示，現在的房間也是從入住當天鋪設卡扣式地板開始，逐一貼上仿水泥風格的壁紙、將部分牆壁改造成黑板等，透過多次DIY慢慢貼近自己喜歡的風格。

這份講究也體現在選擇家具上。他特別注重尺寸，為了讓空間更寬敞，會選擇小巧且低矮的家具。如果實在找不到適合房間尺寸的家具，甚至會自己DIY製作。購買沙發時，他還特地親自坐下來確認視線高度。

「就算高度只差幾公分，視野也會有所不同。坐下時重心愈低，房間看起來就愈寬敞。」

考量呈現的視覺效果，Masato先生經常重新布置房間。從其Instagram上可以看到每次

換個布置，房間會有什麼變化？

調整照明的擺放位置

以「Chill」為主題，打造放鬆感的布局。除了沙發上的吊燈，窗邊和床邊也擺上燈具，營造出空間的層次感。

將床移到窗邊

床置於東側窗戶旁，早上便能在晨光灑落中醒來。不過因為窗簾是百葉窗，冬天真的超級冷……

坐在沙發上曬太陽

三月氣候回溫，便將沙發擺到窗邊。這樣在家也能曬太陽，是我最喜歡的布置。植物也搬到窗邊了。

加入具有存在感的綠植

最近，我增加了一棵超過2公尺高的日本小豆樹，並在床上方掛上和紙材質的吊燈，讓房間氛圍變得更加柔和。

調整帶來的變化，光是改動家具的陳設，就能大幅改變房間氛圍，令人驚訝。

「如果一開始就設計成最終版，感覺會很無聊，我覺得不斷嘗試才是最有趣的地方。住著住著感覺哪裡不對勁，再改就好了。」

此外，無論是在重新布置、還是維持寬敞感上，Masato先生認為最重要的就是「捨棄不必要的東西」。

「擁有收藏品無妨，但我會不時重新檢視哪些物品是可有可無的。比如說，我決定將垃圾集中放在廚房後，房間裡就不放垃圾桶了。時鐘也不擺，因為看手機就可以了。」

維持房間整潔的祕訣是什麼？

RULE 1

不持有過多物品，並定期清理

RULE 2

每週打掃2次，每3個月大掃除1次

RULE 3

在社群媒體上分享或邀人到家中，意識到「他人的眼光」

購買時的重點

- 親自到店內挑選，不省略選擇的過程
- 購買家具時，仔細確認尺寸
- 購買一見鍾情、真正喜歡的物品

我最喜歡的床邊桌，是祖父在40年前製作的。祖父過世後，我便將它帶回來，一直珍惜地使用。

讓生活更整潔的技巧

- 家具能收納多少，就保留多少物品
- 不持有相同的物品，僅保留一個
- 將清潔劑等用品裝到簡單的瓶子中

我處理掉不常看的電視後，買了讓我一見鍾情的藤編椅。我最喜歡從這裡望出去的室內景色。

Masato派 享受室內設計的點子

如果不知道自己喜歡哪種室內風格，
可以先從模仿開始。
我認為觀察生活方式
相近之人的房間是最快的捷徑。

照明擺放在角落比放在中央更好

比起將燈光放在房間正中央，擺在角落會更好，能讓空間看起來更寬敞。此外，燈光照射到牆壁還能營造出柔和的氛圍。搭配不同大小和形狀的燈具，也能增加整體設計感。

用磚塊＋木板輕鬆挑戰DIY

在磚塊上擺放自己喜歡的木板，就能輕鬆打造出裝飾架或矮桌。不僅不需要用到電鑽等工具，磚塊還能在生活百貨商店買到，製作起來毫無壓力，要擴展或拆卸也很簡單。

以綠色植物為空間注入自然氣息

擺放日本吊鐘花等枝條感優美的植物，或是在房間各處擺放觀葉植物，讓家中充滿綠意。不僅能感受大自然的氛圍，還能享受栽種植物的樂趣。

利用地毯為房間增添層次感

地板占據房間的大面積，是決定整體風格的重要元素。擺放地毯不僅能改變視覺效果，還能區分空間。根據季節更換不同材質的地毯，也是個不錯的選擇。

向前輩請教，打造理想房間的技巧（3）

給擁有太多珍貴物品者的收納技巧

整理與收納該如何進行？

RULE 1

先集中散落在房間的物品

買完東西後滿足地隨手放置，久而久之房間就會被物品填滿。光是先進行整理歸納，就能讓空間變得更清爽。

RULE 2

計算物品數量並測量尺寸

正確掌握自己擁有物品的數量和尺寸，才能計算出需要多少、哪種尺寸的收納用品。

RULE 3

預測未來會增加的物品數量

只要偶像應援活動或興趣持續，物品就會增多。建議提前規劃未來1～2年可能增加的物品，並準備相應的收納空間與工具。

RULE 4

準備適合的收納用品

太執著每件物品都要放得「剛剛好」，會讓收納方式變得更繁雜。建議準備能適應不同大小、略為寬鬆的收納空間與工具。

RULE 5

確定物品擺放位置，養成放回原位的習慣

確定好收納用品和擺放位置後，要養成「拿出來就放回去」的習慣。如果收納空間已滿，就再添購同樣的收納用品。

Profile

Mico小姐

「mico's journal」為Mico小姐經營的YouTube頻道，訂閱數已達6.7萬（截至2024年1月），專門分享各種推活收納法，打造理想的偶像應援生活。

我知道東西少一點，生活會更清爽，但像偶像應援周邊或興趣收藏這類重要的東西，真的捨不得丟！

Mico小姐專門分享擁有眾多收藏品的收納技巧，認為：「即使不減少物品，靠改變收納方式，也能讓房間變得更整齊。」

「只要區分好收納和展示的物品，並養成簡單整理的習慣，房間就會有所改變。同時，這也是讓珍貴收藏保持整潔的關鍵。」

整齊收納兼時尚展示 夢想中的偶像應援房

小型周邊
就放這裡展示！
小張紙類就
收進文件盒、
放入書架中！

Mico小姐推薦的收納家具&用品

附門收納櫃

雜誌和書籍封面顏色各異，容易讓空間顯得雜亂。用帶門櫃子遮擋，視覺上會更整潔！

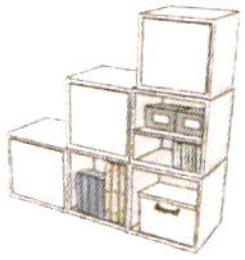

方格收納箱

可堆疊或並排擺放，排列方式自由變化。物品增加時，只要再添購收納箱即可。

文件收納盒

厚度約3～4㎝，可直立擺放於書架等空間，適合收納紙類和零碎物品。

頂天立地層架

非常適合作為展示架，即使在狹小空間也能安裝，充分利用天花板至地板的空間。

收納箱

用於存放無法放入文件盒的較大周邊，帶蓋可堆疊或抽屜式設計的款式最為便利。

CD收納冊

CD和DVD的塑膠外盒其實很占空間。只要丟掉外盒，就能大幅節省收納空間。

不雜亂的裝飾規則有哪些？

RULE 1
精選展示物品
並控制數量

RULE 2
確定展示區域，
超出的就收起來

RULE 3
使用防塵罩，
避免積灰塵

時尚展示偶像周邊的點子

壓克力立牌

直接擺放容易吸附灰塵，建議使用市售的壓克力立牌專用展示框。也可以搭配額外販售的裝飾零件，增添美感。

玩偶

放入生活百貨商店販售的透明背包中，不僅能讓容易倒下的玩偶站穩，也能防塵。但要注意不要塞得太滿，以免變形。

海報

比起直接貼在牆上，放進畫框更能有效防止老化與損壞。選擇比海報略大一圈的畫框造成留白，會讓展示效果更時尚。

照片、偶像資料夾

照片放入市售的相框來展示是最簡單的方法，偶像資料夾可以用生活百貨商店販售的專用相框輕鬆展示。

教教我！收納偶像周邊的煩惱諮詢室

Q 買周邊很開心，但整理收納真的好麻煩……

A **收納的目的不只是整理，也能防止周邊損壞。**

比如照片不耐熱，長時間疊放在高溫潮濕之處就可能黏在一起。其他周邊隨意擺放，也可能沾滿灰塵、褪色，甚至損壞。為了避免日後後悔，請養成購買後立即收納的習慣！

Q 我不是個愛整潔的人，總是無法養成長期收納的習慣。

A **不必追求完美，選擇簡單且能持續下去的方法更好。**

若一開始就嚴格要求自己「整理收納到嚴絲合縫」，反而難以維持。準備稍大的收納盒，至少先收進物品就好，這樣便能讓房間看起來更整潔。與其過度追求完美，不如將精力放在偶像的應援活動上！

Q 周邊愈積愈多，要怎麼整理才好？

A **使用收納冊，讓收藏更方便查看。**

若有大量明信片、照片、徽章等相同類型的周邊，建議準備收納冊，並搭配適合尺寸的內頁袋分類存放，這樣能讓收藏更整齊。再加上標籤等小巧思，還能讓整理後的收藏更易於回顧！

Q CD和周邊愈來愈多，該斷捨離嗎？

A **丟棄是最後手段，在那之前先減少包裝體積。**

偶像的應援周邊或收藏品通常具有收藏價值，並不容易說丟就丟，建議先從減少體積開始。例如捨棄CD塑膠盒並改用CD收納冊，體積可縮小至⅕。此外，周邊的外包裝也可以摺疊收納，以減少占用空間。

COLUMN

整理收納師的分享
擴充收納空間的便利小物

ㄇ字型收納架

可運用於水槽下方、衣櫃、餐具櫃、鞋櫃等，補充層板不足的空間。

附輪收納推車

推薦給客廳、廚房等收納空間不足處。近來也推出了可調整籃子高度的三層推車，靈活度更高。

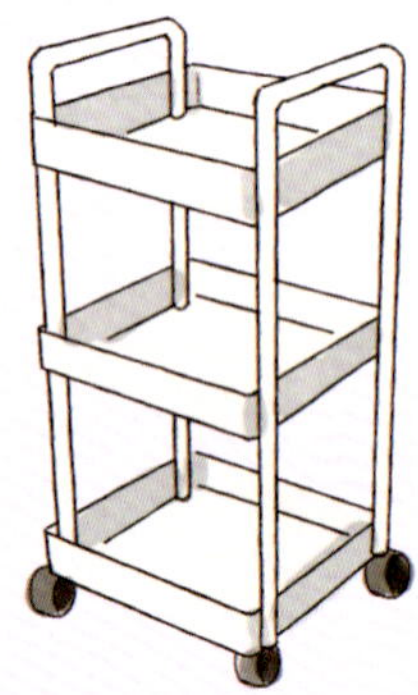

收納時需注意的重點

不要將1年以上未使用的物品塞進收納空間

東西超過1年未使用的話，未來大概也不會用到了。與其長期存放，不如考慮做個斷捨離吧。

不行先買收納用品

不要一開始就購買收納用品，應先確認好需要收納的物品種類與數量。若未經確認就購買，可能會發現物品無法妥善收納，甚至產生多餘的浪費空間。

不適合獨居生活的收納用品

過深的抽屜收納

難以拿內部物品，且小套房或單人公寓空間有限，不適合這類收納方式。

前開式收納箱

這類收納箱通常較深，放在內側或下方的物品容易被壓住，不便拿取。

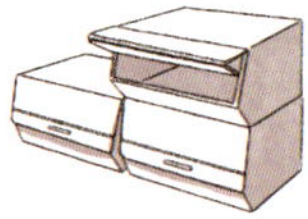

最起碼要知道的家事入門・打掃&洗衣篇

監修／Mina

PART ▼ 3

基本的打掃工具

一定要準備這些！

市面上有許多方便的打掃工具，但不會好好運用反而浪費。建議先準備基本必需品，之後再根據需求添購。

入住前必備的打掃工具

廁所用可沖式清潔濕紙巾

可用於清潔馬桶與地板，使用後可直接丟棄，非常方便。

也可以用來當抹布擦拭。

乾拖巾和濕拖巾

可安裝在地板清潔拖把上使用。乾擦用乾拖巾，用水擦則使用濕拖巾，以達到最佳清潔效果。

地板清潔拖把

可吸附日常灰塵、毛髮，無需電力且拿著輕巧，清潔時更加便利。

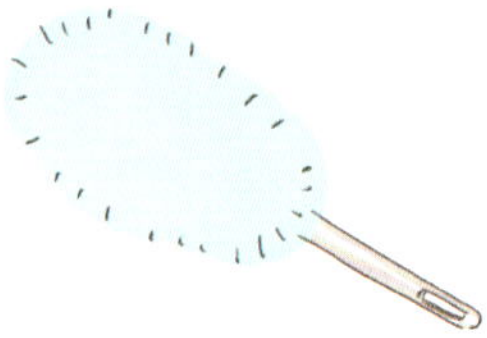

建議選擇可更換除塵頭的一次性款式，較為便利。若選擇可伸縮握柄的款式，高處清潔也能輕鬆完成！

抹布

清潔廚房的好幫手。髒汙剛產生的時候，只需輕輕擦拭就能去除。

海綿

需準備廚房用與浴室用 2 種海綿。根據用途選擇合適的材質與硬度，以達最佳清潔效果。

橡膠手套

使用含氯漂白劑或強鹼性清潔劑（P.72、P.73）的時候，務必戴上橡膠手套，保護雙手不受刺激。

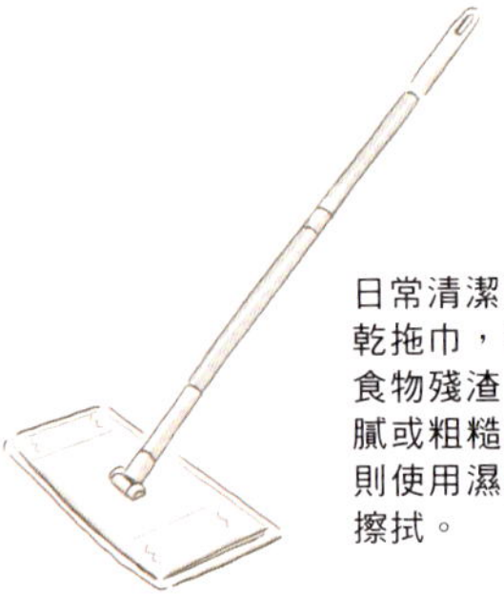

日常清潔可用乾拖巾，若有食物殘渣、黏膩或粗糙感，則使用濕拖巾擦拭。

手持除塵撢

具有可以吸附灰塵與髒汙的特殊材質，適合用來清潔家具與家電。

有需要再添購的打掃工具

掃帚與畚箕

用於玄關與陽台的清潔，若選擇長柄款式，掃地時可避免彎腰。

迷你款地板清潔拖把

適用於難以觸及的廁所地板清潔，放在廁所裡隨時可快速使用。

無線吸塵器

可用於廚房、客廳等居家清潔。推薦輕巧、不占空間的無線款式。

超細纖維抹布

對於難以去除的汙漬，建議使用能有效吸附灰塵與汙垢的超細纖維抹布。

清潔用刮刀

適用於窗框、縫隙及角落等細小區域的清潔，生活百貨商店就買得到。

浴室地板專用刷

只用海綿可能無法徹底清潔，地板開始發黑時，可使用刷子除去髒汙。

清潔用刮刀也可用於清理堆積於縫隙的汙垢或頑固汙漬，但施力過大可能會刮傷表面，需注意使用力道。

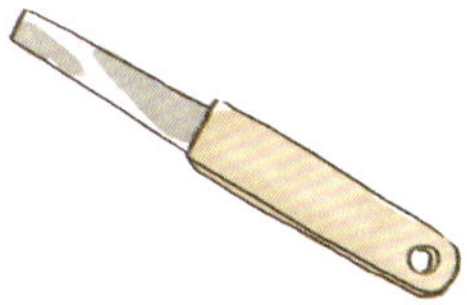

建議選擇好握的刷子款式，若地板材質為凹凸表面，則適合細刷毛的類型。

活用日常用品進行清潔！

濕紙巾

質地較薄，適合用來擦拭窗框等細小區域。若含有酒精成分，還可去除輕微的油汙。

廚房紙巾

可用來輕輕擦拭汙漬，比抹布更方便，且可一次性丟棄，使用更衛生。

舊毛巾

丟掉前可先當作抹布使用，適用於小型紙巾無法完全擦拭乾淨的情況。

舊牙刷

適用於窗框、水龍頭等細小部位的清潔與刷洗，建議保留一支備用。

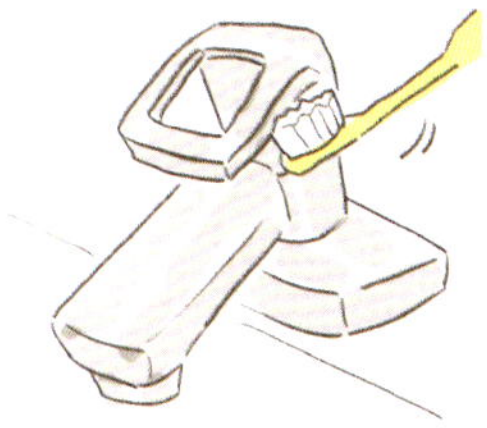

小型牙刷可清潔複雜形狀的零件、縫隙與角落，有效去除汙垢。

省時又高效！打掃的進行方式

每個人都希望減少打掃所花費的時間與精力，本篇將介紹一些高效又能輕鬆清潔的技巧。

輕鬆打掃的3個規則

1 在汙漬變頑固前就清除

爐具上的油漬、浴室的水垢、皮脂汙垢等，放置愈久愈難清理，打掃起來也更費力。與其之後辛苦清潔，不如養成隨手清理的習慣，更有效率。

2 根據汙漬類型選用清潔劑

汙漬依種類不同，可能呈現酸性、中性或鹼性。選擇相反性質的清潔劑，例如酸性汙漬用鹼性清潔劑，可更輕鬆有效地去除汙垢。

3 將打掃變成日常習慣

關鍵在於養成隨手清理的習慣。舉凡洗碗時順便清潔水槽、泡澡時順手刷洗浴室等，將打掃融入日常，就不會覺得麻煩。

選擇清潔劑時，確認「PH值」標示

酸性清潔劑

適用於去除浴室水垢等鹼性汙漬。請注意，與含氯漂白劑混合會產生有毒氯氣，勿同時使用。

中性清潔劑

溫和不傷手，對材質影響較小，適用於各種表面清潔。清潔力溫和，適合輕度汙漬。

鹼性清潔劑

適用於廚房油汙、客廳皮脂汙垢等酸性汙漬。清潔力強，但對皮膚刺激較大，使用時建議戴手套。

可藉由
清潔劑包裝
標籤上的「PH值」
確認酸鹼性。
洗碗精
洗碗精
洗碗精

一定要準備這些！基本的打掃用清潔劑

選擇適合家中各種汙垢的清潔劑，就能提升打掃效率！無需費力擦拭，也能輕鬆去汙。

《適用於家中各處的清潔劑》

含氯漂白劑

具強效的殺菌與漂白能力，對於黴菌及黏滑汙垢特別有效，推薦使用噴霧型產品。因氣味與刺激性較強，使用時請保持通風並配戴手套。

住宅用中性清潔劑

可應對食物殘渣、手垢、皮脂汙垢及輕微油汙等。推薦選擇無需二次擦拭或噴霧型的清潔劑，使用更方便。

檸檬酸※

可去除水垢等鹼性汙漬，並具有除臭與殺菌效果。推薦使用粉末型，可溶於水後用於浸泡清潔。

※檸檬酸為酸性，請勿與含氯漂白劑混合使用，以免產生有害氣體。

鹼性電解水

能有效去除油汙、皮脂等酸性汙垢，並具有殺菌效果。不會殘留清潔成分，故無需再次擦拭，可節省清潔時間。

噴霧型清潔劑可直接噴灑於汙垢處，使用方便。但在清潔抽油煙機等高處時，容易滴落清潔劑，建議先噴在抹布上再擦拭。

《針對特定區域與汙垢的清潔劑》

馬桶專用凝膠清潔劑

具有較高的黏稠度，能緊密貼合馬桶內側與邊緣汙垢，有效去汙。推薦選擇無需刷洗的免刷型產品，使用更輕鬆。

浴室專用中性清潔劑

適用於去除浴室內的水垢與皂垢。中性配方較溫和，不易損傷手部肌膚與浴缸材質，使用更安心。

多久打掃一次比較合適？

打掃規模分為小、中、大

有些汙垢需要經常清理，有些則可以稍微放置也無妨。掌握汙垢的種類，就能確定適當的打掃頻率。

根據清理汙垢的時機分類打掃方式

在汙垢變頑固前先清理！ 小掃除

每天～每週 1 次

清理需要立即處理的汙垢。在汙垢變硬前清理，省時又省力，約 5～10 分鐘即可完成。

ex. 清潔爐具周圍和水槽、浴室清潔、客廳除塵

維持家中的整潔 中掃除

每月 1 次～半年 1 次

針對小掃除無法觸及的區域，定期進行稍微深入的打掃，讓家中保持舒適的環境。

ex. 清理冷氣濾網、打掃玄關和陽台

只要一年 1 次努力去做！ 大掃除

每年 1 次

清理一整年累積的汙垢，特別是平時難以清潔的區域。花點時間徹底清理，讓家煥然一新，心情也會變得更加愉快。

ex. 清理冰箱內部

COLUMN

弄髒之前先避免！入住前先做這些事

最近有很多防汙
或幫助清潔的便利產品，
在搬家時就準備好，
入住後打掃起來
會輕鬆很多。

□ 擦拭地板

即使是打掃過的房子，地板上也可能積有灰塵。搬入物品之前，使用地板清潔拖把，先裝上乾拖巾，再用濕拖巾擦拭地板。

□ 鋪設冰箱地墊

冰箱地墊可保護地板免受刮傷和腐蝕。選擇具有防水性的材料，當水灑出時也可以輕鬆清理。記得選擇適合冰箱大小的地墊。

□ 放置洗衣機底座

洗衣機若直接放於地板上，底部防滑橡膠可能導致地板變色。可以在洗衣機下面放置底座來預防。這樣還能保持機台與地板間的空隙，打掃更容易。

□ 安裝排氣口蓋

火爐後方的排氣口容易有油脂或食材滲入，弄髒後清潔起來會很麻煩。安裝排氣口蓋可以有效預防，只需輕輕擦拭就能維護。

□ 在餐櫃裡鋪設墊子

在餐櫃或水槽下方的儲物空間鋪設墊子，除了可預防刮傷，打掃時只需擦拭墊子即可，十分方便。有些產品還具有防滑功能或防蟲效果。

□ 進行防霉處理

即使看起來乾淨，但如果有黴菌孢子，新的黴菌還是會滋生。黴菌在濕氣中增長迅速，在入住使用浴室前可以使用防霉劑先進行處理。

□ 貼上濾網

廚房的排風扇容易沾上油漬，使用一次性濾網可有效預防。濾網髒了只需更換，非常輕鬆。浴室或廁所的排風扇及通風口，也可安裝濾網來防止灰塵。

廚房清潔①

立刻清潔汙垢，事後更輕鬆！

油漬和黏著物放著不處理，會成為汙漬和異味的根源。只要每次立即清除，就能不費力地輕鬆去除。

每天努力幾分鐘就能乾淨持久 小掃除

爐具周圍

（如果自己做飯）每天

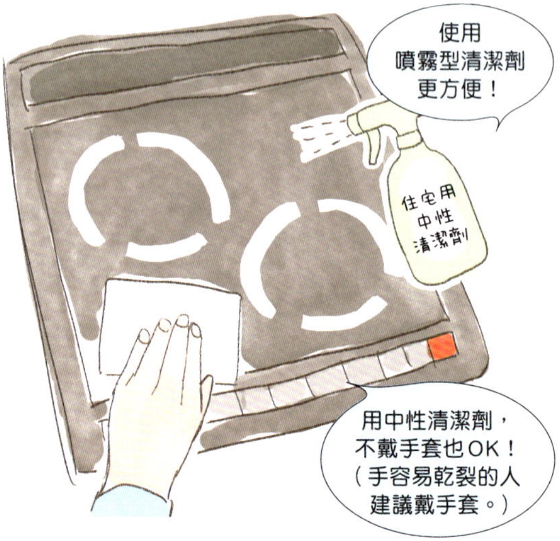

使用噴霧型清潔劑更方便！
住宅用中性清潔劑
用中性清潔劑，不戴手套也OK！（手容易乾裂的人建議戴手套。）

爐具周圍容易有飛濺的油漬等汙垢，應當天處理。只需噴上中性清潔劑，並用抹布輕輕擦拭即可。飯後順便清潔，這樣就不會覺得麻煩。

所需物品

- 住宅用中性清潔劑（免二次擦拭類型）
- 抹布

＼解決讓人煩惱的汙垢！／

解決爐架上的焦痕

在大鍋中放入爐架和水，再加上小蘇打（水1公升：小蘇打3大匙），加熱煮沸約10分鐘。關火後放置1小時，再用海綿刷洗即可。

水槽周圍

（如果自己做飯）每天

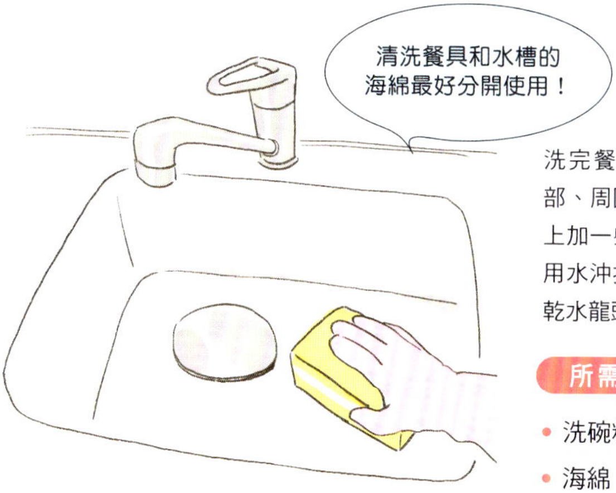

洗完餐具之後，順便清洗水槽內部、周圍以及水龍頭。只需在海綿上加一些洗碗精，輕輕擦拭即可。用水沖掉洗碗精之後，再用抹布擦乾水龍頭。

所需物品

- 洗碗精
- 海綿
- 抹布

排水口

每天（夏季）～每週2至3次

清除排水口的垃圾，並噴上含氯漂白劑。等待幾分鐘（請參照漂白劑的使用說明），再用水沖洗，就能去除黏膩感，無需用力刷洗也能清潔乾淨。

所需物品

- 廚房專用含氯漂白劑
- 橡膠手套

必須保持通風，
可開啟排風扇。
對皮膚有腐蝕性，
務必配戴手套。

廚房清潔②

養成定期清潔保養的習慣

即使乍看之下很乾淨，汙垢仍會逐漸積累。定期清潔家電，才能用得長久又舒適。

清潔到閃亮亮，保持氣味清新 中掃除

快煮壺

每2個月1次

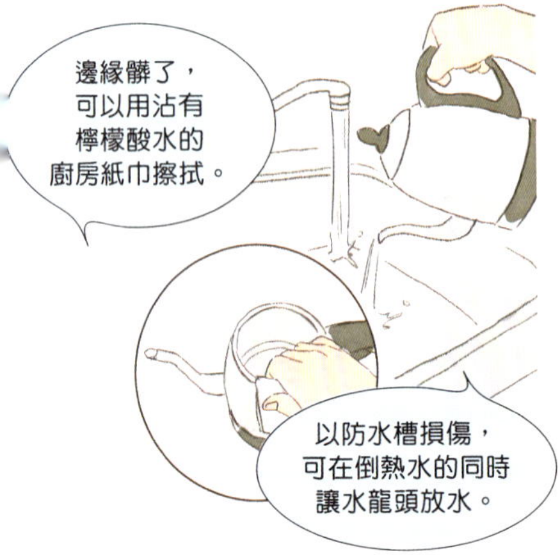

邊緣髒了，可以用沾有檸檬酸水的廚房紙巾擦拭。
以防水槽損傷，可在倒熱水的同時讓水龍頭放水。

加滿水後，加入1大匙檸檬酸，煮沸後放置1小時。將檸檬酸水從壺嘴倒出，再加滿水煮沸，從壺嘴倒出熱水即可。

所需物品

- 檸檬酸（粉末）
- 廚房紙巾

微波爐

每2個月1次

耐熱容器中加入200mℓ水和1大匙小蘇打，攪拌後放入微波爐內，以600W加熱5分鐘後放置10分鐘。用抹布或廚房紙巾擦拭微波爐內，再用抹布清潔外部，就大功告成了！

所需物品

- 小蘇打（粉末）
- 抹布或廚房紙巾

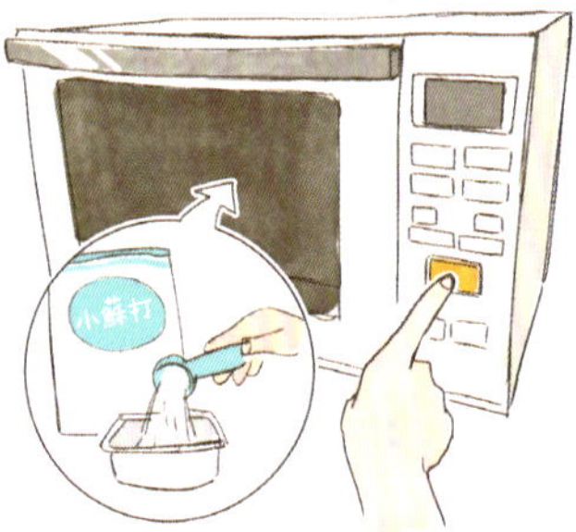

小蘇打水的蒸氣會使汙垢浮起，更容易清除，並具有除臭效果。
小蘇打

抽油煙機

每3個月1次

抽油煙機若是鋁製，
可能有變色的風險，
應使用中性清潔劑。

1 取下一次性濾網並丟棄。
2 將鹼性電解水噴灑在抹布上，擦拭抽油煙機的油汙。
3 清潔後，貼上新的濾網。

所需物品

- 鹼性電解水
- 抹布
- 橡膠手套
- 一次性濾網

在食材不易變質的
冬天好好做清理

大掃除

冰箱

每年1次

1 取出冰箱中的所有食品，並關閉電源。
2 檢查食品的有效期限，處理過期食品。
3 在抹布上噴灑鹼性電解水，擦拭冰箱內外，擦乾後開啟電源，將食品放回。

所需物品

- 鹼性電解水
- 抹布
- 橡膠手套

客廳清潔

趕走灰塵，讓家裡更舒適！

灰塵常常受到輕忽，其實這正是黴菌的養分，放著不管可能危害健康，趕快打掃淨化房間吧！

小掃除

灰塵剛落的早晨
是最好的打掃時機

整個房間

每週1次

手持除塵撢輕輕掃掉灰塵，不要左右搖動或按壓，也不要用力拍打。

容易積灰塵的地方

- ☐ 架子上方或裡面
- ☐ 電視或電腦周圍
- ☐ 插座周圍
- ☐ 踢腳板（牆壁和地板交界處的裝飾材料）

所需物品

- 手持除塵撢

地板

每週1次

使用吸塵器，或是在地板清潔拖把上裝乾拖巾，輕輕滑過即可清除灰塵。地板質感粗糙的話，用濕拖巾擦拭會更乾淨。

所需物品

- 吸塵器或地板清潔拖把
- 乾拖巾或濕拖巾

想確實清除
皮脂汙垢或食物殘渣，
可噴些鹼性電解水，
再用抹布擦拭。

避免灰塵
滋生黴菌

中掃除

冷氣濾網

每3個月1次

1 取下冷氣附帶的濾網，從外往內用吸塵器吸除灰塵。
2 若濾網有油汙，可用溫水搭配住宅用中性清潔劑徹底清洗，然後陰乾。
3 用乾拖巾擦拭冷氣機身，最後將晾乾的濾網裝回原位。

所需物品

- 吸塵器
- 住宅用中性清潔劑
- 乾拖巾

解決讓人煩惱的汙垢！

當冷氣吹出黴味時

可能是有黴菌滋生。冷氣機內部結構複雜，建議請專業清潔公司處理。冷氣使用旺季期間較難預約，建議在春季時提前安排清潔。

燈具

每半年1次

用手持除塵撢清除燈具外部的灰塵。若吸頂燈內部積有灰塵，可取下燈罩後用乾拖巾擦拭乾淨。
若燈具外側或燈罩有油汙，可將鹼性電解水噴在乾拖巾上再擦拭。

所需物品

- 手持除塵撢
- 鹼性電解水
- 乾拖巾
- 橡膠手套

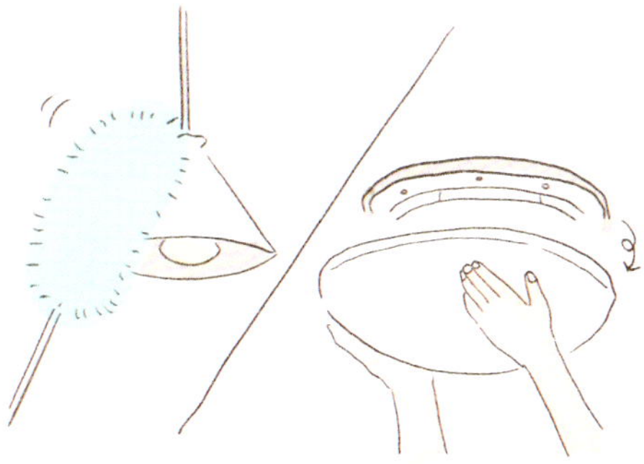

浴室、洗手台清潔

杜絕濕氣與汙垢累積，徹底對抗黴菌！

浴室和洗手台容易堆積皮脂汙垢、皂垢與濕氣，這些都是黴菌的最愛。趁黴菌滋生前動手打掃吧！

勤勞清洗，輕鬆去汙！

小掃除

浴室全區、洗手台水槽

每週1次

先用熱水沖洗，再用浴室專用中性清潔劑搭配海綿刷洗。除了浴缸，鏡子周圍、浴缸蓋、椅子、臉盆等都要清洗。建議洗澡後順手清潔，省時又方便。

所需物品

- 浴室專用中性清潔劑
- 海綿

浴室與洗手台的排水口

每週1次

方法同清掃廚房排水口，清除排水口內的雜物與垃圾後，噴含氯漂白劑。依漂白劑使用說明靜置數分鐘後，用水沖洗乾淨。建議養成習慣，洗澡或刷牙後順手清。

所需物品

- 廚房專用含氯漂白劑
- 橡膠手套

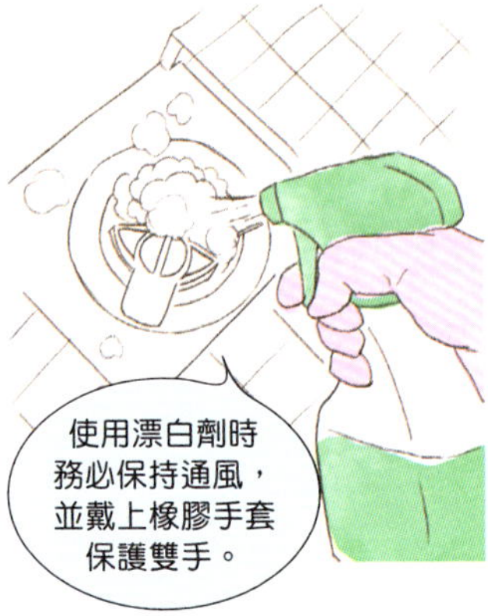

使用漂白劑時務必保持通風，並戴上橡膠手套保護雙手。

浴室地板

當覺得髒了的時候

使用浴室專用中性清潔劑搭配地板刷來刷洗，去除水垢、皂垢及皮脂等汙垢。特別是粉紅色黏滑物，放任不管會使黴菌快速滋生，一旦發現就要立刻清除。

所需物品

- 浴室專用中性清潔劑
- 地板刷

若是出現黑色黴斑，
中性清潔劑無法去除，
請改用含氯漂白劑
（P.89）。

預防黴菌
從上方掉落

中掃除

排風扇濾網

每月1次

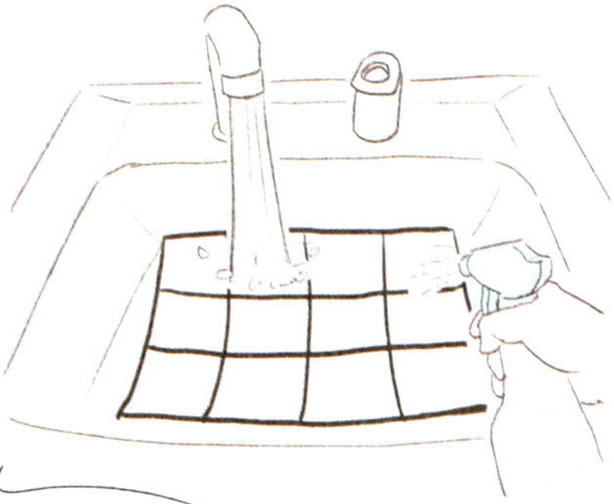
若發現濾網長出黴斑，
請使用含氯漂白劑
清洗（P.89）。

取下排風扇的濾網，先用吸塵器吸除灰塵，機體外殼則用乾拖巾乾擦。若濾網沾滿油汙，請用浴室專用中性清潔劑和海綿刷洗，晾乾後再裝回。

所需物品

- 吸塵器
- 乾拖巾
- 浴室專用中性清潔劑
- 海綿

廁所清潔

不用刷洗也能輕鬆去汙！

一開始不明顯的尿漬，久了會變成黃垢和黑斑。養成習慣每週1次簡單清潔，讓馬桶保持光潔如新！

善用好用的工具和清潔劑來幫忙 **小掃除**

馬桶內側

每週１次

等待清潔劑作用時，
可順便擦拭馬桶外部，
效率更高！

沿著馬桶內緣擠上一圈馬桶專用凝膠清潔劑，依照使用說明放置數分鐘後，直接沖水即可。使用免刷洗型清潔劑，即使不刷也能輕鬆去汙！

所需物品

- 馬桶專用凝膠清潔劑（免刷型）

廁所整體

每週1次

所需物品

- 廁所用清潔濕紙巾（可沖式）
- 地板清潔拖把（迷你款）

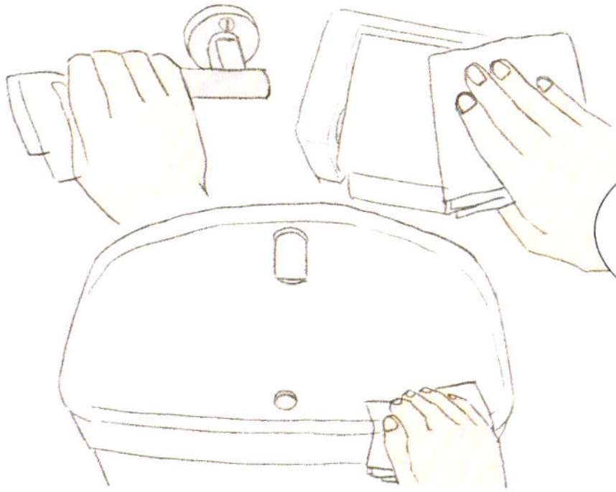

從較乾淨的區域擦到髒汙區域，可避免汙垢擴散。

使用廁所用清潔濕紙巾擦拭門把、衛生紙架、洗手台和水箱。

▼▼▼

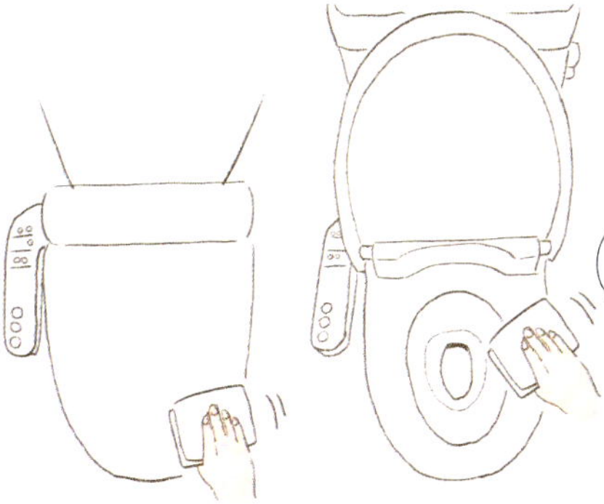

濕紙巾髒了，就換面繼續擦拭。

接著擦拭溫水洗淨便座的控制面板、馬桶蓋、座墊表面，以及馬桶外側。

▼▼▼

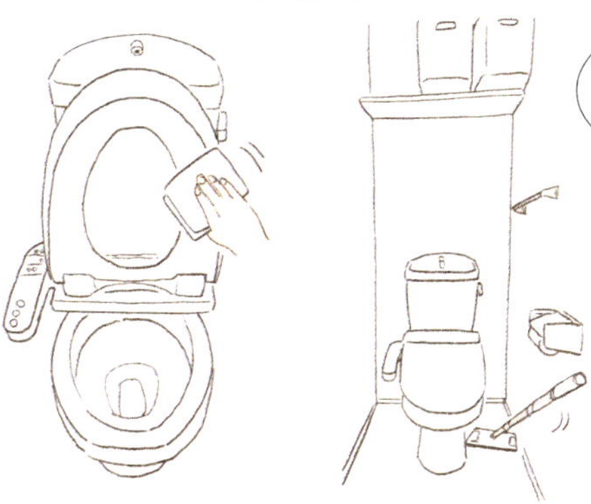

手難以觸及的馬桶後方，可用迷你拖把輕鬆打掃！

接著從牆面上方往下方擦拭。使用迷你款地板清潔拖把，搭配廁所用清潔濕紙巾擦拭地板。最後擦拭馬桶座墊背面和馬桶內緣，再將使用過的濕紙巾沖掉。

玄關、陽台、窗戶清潔

趁天氣好的日子一口氣做完！

玄關和陽台等連接室內外的區域，特別容易堆積灰塵與沙粒。定期清掃讓空間保時清爽，也能隨時從容迎接客人。

連心情都變得明亮了！　**中掃除**

玄關、陽台

當覺得髒了的時候

玄關與陽台常見的髒汙是沙塵和垃圾，這時用掃帚與畚箕清掃乾淨後丟棄即可。若散落著雨傘、鞋子等雜物，請趁此機會整理，打掃起來會更順暢！

所需物品

- 掃帚
- 畚箕

＼解決讓人煩惱的汙垢！／

打掃玄關時，順便清鞋櫃

取出鞋櫃內的所有鞋子，讓鞋櫃內部通風。用掃帚掃除鞋櫃內的沙塵，再噴灑一些鹼性電解水，用抹布擦拭乾淨。待鞋櫃內部晾乾，再將鞋子放回。可在鞋櫃下層放置除濕劑，有效預防潮濕和發霉！

窗戶

每半年1次

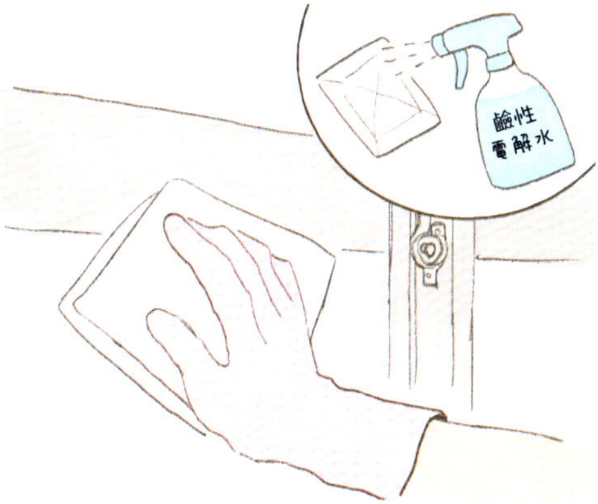
鹼性
電解水

將鹼性電解水噴在超細纖維抹布上，從內窗擦到外窗。

所需物品

- 超細纖維抹布
- 鹼性電解水
- 橡膠手套

窗框

每半年1次

所需物品

- 刷子
- 濕紙巾
- 清潔用刮刀
- 住宅用中性清潔劑（免二次擦拭類型）
- 抹布

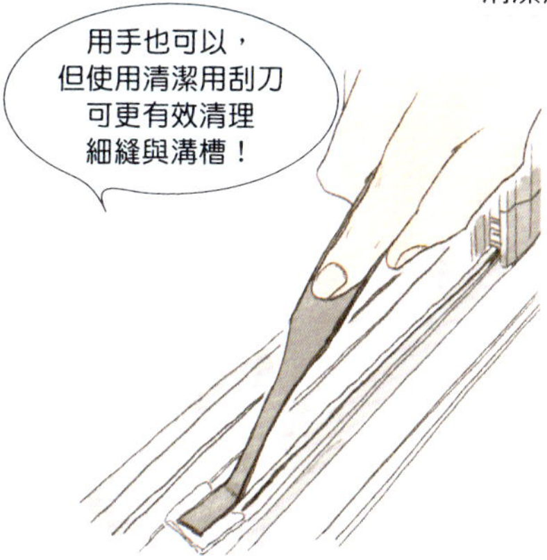
用手也可以，
但使用清潔用刮刀
可更有效清理
細縫與溝槽！

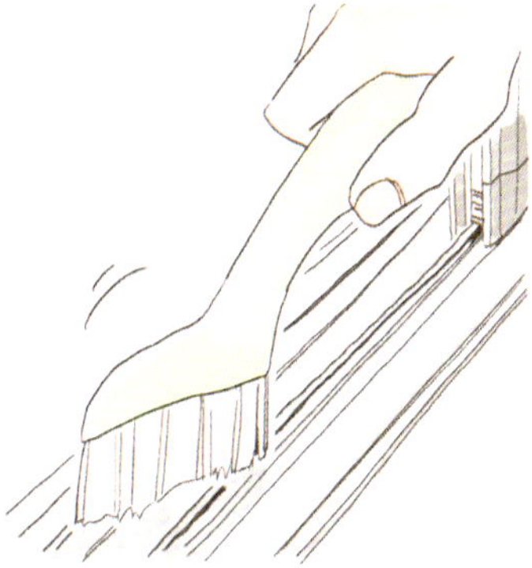

先用濕紙巾擦拭髒汙。若有頑固汙垢，可噴上住宅用中性清潔劑，再用刷子刷洗，最後用抹布擦拭乾淨。

在窗框乾燥的狀態下，使用刷子清除沙子和垃圾。

防蟲、防霉對策

問題發生前就先防範未然！

在房間中發現蟲子或黴菌時，總是讓人感到頭痛萬分。日常生活中就做好防範，盡量避免滋生吧！

居家各處的防蟲對策

浴室、廁所

容易出現的害蟲

蛾蚋

- ☐ 勤加清潔排水口，去除汙垢和滑膜，避免髒汙成為蟲子的養分。
- ☐ 多使用浴室排風扇通風。
- ☐ 定期清潔廁所水箱、馬桶及洗手台。

廚房

容易出現的害蟲

果蠅

- ☐ 勤快丟棄生廚餘或剩菜。
- ☐ 定期清潔排水口。
- ☐ 水果、蔬菜避免放在外面，可放入冰箱，或用報紙包好後存放於陰涼處。

沙發、床鋪、地毯

容易出現的害蟲

塵蟎

- ☐ 經常讓房間通風換氣。
- ☐ 使用吸塵器或除蟎機清除塵蟎的食物來源，如：皮屑或頭髮。
- ☐ 經常清洗寢具，天氣好時將棉被拿出去曬。

窗戶、玄關

容易出現的害蟲

飛蛾、螞蟻、蚊子

- ☐ 若紗窗有破洞或脫線，立即修補或更換。
- ☐ 若窗框或門框周圍有縫隙，用縫隙密封條封好。
- ☐ 清理積水，以免成為蚊子的溫床，尤其留意花盆底盤。

讓人最頭痛的滅蟑對策

遇到蟑螂時的應對方法

平時備妥殺蟲劑，以備不時之需。沒有殺蟲劑時，可用酒精或洗碗精直接噴向蟑螂，使其窒息死亡。用膠帶將死掉的蟑螂黏起來直接丟棄，就可以不用直接碰觸屍體。

整個家

- ☐ 勤丟生廚餘。
- ☐ 避免灰塵和頭髮堆積，經常打掃。
- ☐ 用完的紙箱要馬上丟掉。
- ☐ 在廚房或花盆旁邊放置市售蟑螂藥。

哪裡容易發霉？

- 冷氣內部
- 床下
- 窗戶
- 用水區域（廚房、浴室、廁所等）
- 收納空間（衣櫃、壁櫥、鞋櫃等）
- 大型家具或家電後方（冰箱、餐櫃等）

居家防霉對策

- □ 灰塵和汙垢是黴菌的養分，要經常打掃。
- □ 收納空間不要塞太滿，需保持通風。
- □ 在收納空間放置除濕劑。
- □ 經常讓房間通風換氣。
- □ 多使用浴室排風扇通風。
- □ 使用浴室專用防霉劑，預防黴菌滋生。

已經發霉，請立即清除！

1 將含氯漂白劑噴在發霉的地方。
2 等待幾分鐘（請參照漂白劑的使用說明），再用水沖洗。

所需物品

- 廚房專用含氯漂白劑
- 橡膠手套

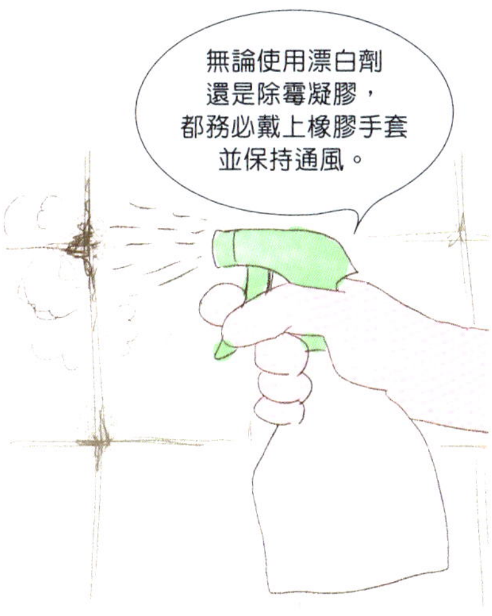
無論使用漂白劑
還是除霉凝膠，
都務必戴上橡膠手套
並保持通風。

＼解決讓人煩惱的汙垢！／

含氯漂白劑無法清除時怎麼辦？

浴室裡矽膠條上的頑固黑色黴菌，用漂白劑可能效果有限。這時可使用附著力強的除霉凝膠直接塗抹在黴斑上，放置直至黴斑消失，再用刷子刷洗並沖水清理。

為了安全且舒適的生活

垃圾分類的方式

以防引起麻煩，處理垃圾時防範異味和保護隱私都很重要，需遵守當地的垃圾處理規定。

《防止異味的垃圾處理方式》

防止異味的好方法

- 隨時清理排水口的垃圾殘渣（夏天建議每天清理）。
- 生廚餘丟棄前，先充分瀝乾水分。
- 設置在水槽旁的三角廚餘瀝水架容易產生難聞氣味，建議使用站立型廚餘用垃圾袋置架；在架上放置不易透氣的吐司用聚丙烯（PP）塑膠袋，每天密封後丟棄，效果更佳。

生廚餘為何會發臭？

具備3條件：
營養（生廚餘）、
水分、高溫

▼▼▼

導致
細菌與黴菌
大量繁殖

▼▼▼

腐敗、發酵，
進而產生異味

《丟棄隱私物品時》

含個人資訊的文件

將寫有住址或姓名的郵件、薪資單、收據等文件，用剪刀剪碎後再裝入袋中丟棄，或是使用可遮蓋個人資訊的印章。

內衣等私人物品

將內衣剪碎後裝入袋中丟棄。帶鋼圈的胸罩則需將鋼圈、扣環等配件與布料分開，並依照市區町村的規定分類處理。

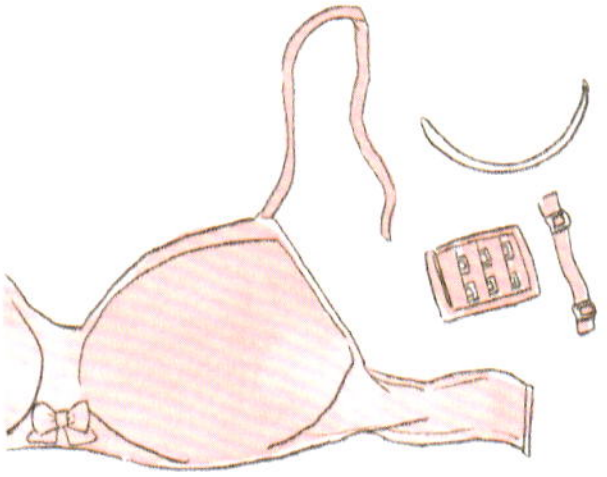

遵守垃圾處理規範

市區町村的規則

垃圾分類方式會因居住地區而異，請參考地方政府的網站等，確認當地的垃圾分類方法、收集日及收集時間。

集合住宅的規則

公寓或大樓可能設有獨自規定的垃圾處理規範，建議事先向房東或是管理公司確認。

垃圾處理規範的確認重點

- ☐ 收垃圾是免費還是付費？
- ☐ 地方政府是否有指定垃圾袋？
- ☐ 如何分類垃圾及資源回收？
  比如：可燃垃圾、不可燃垃圾、舊紙類、寶特瓶、玻璃瓶、鋁罐、大型垃圾等，每個地方的分類方式和分類名稱可能不同，請務必確認清楚。
- ☐（各類垃圾）
  應該在星期幾、幾點前丟？
- ☐ 垃圾應該丟在哪裡？

丟垃圾的重要禮儀

不遵守丟垃圾的禮儀，容易導致惡臭或垃圾散亂一地，進而引起鄰里間的糾紛，請多加注意。

不要將垃圾塞太滿

垃圾袋塞太滿，可能會在回收時破裂。請留一些空間，將垃圾袋口綁緊後再丟棄。

遵守指定的星期與時間

錯過回收時間，垃圾就會遺留而成為放置垃圾。若前一天晚上就先拿出來，則可能會有烏鴉或老鼠翻找、破壞。

不可丟棄未清空的垃圾

丟棄前，寶特瓶、食品用玻璃瓶和鋁罐等，需將內容物倒出並沖洗乾淨；噴霧罐或瓦斯罐也請先排空內容物。

丟棄危險垃圾需特別注意

刀具或破碎的餐具等，請用厚紙或布包好再丟，並在垃圾袋大大標示「內有刀具，請小心」等警示字樣，保障收垃圾人員安全。

洗衣服的基本知識

保持清潔感的重要一環

瞭解各種洗衣清潔劑的使用方法，
才能有效去除汙垢。
定期清潔洗衣機，
讓每次洗衣服都能乾淨衛生！

先準備好洗衣清潔劑

清洗日常衣物或毛巾

一般衣物用洗衣精

（弱鹼性或中性）

適用於棉、麻及合成纖維等材質，洗淨力強，用洗衣機的標準模式清洗即可。有便宜的粉末型、易溶解的液體型，以及方便計量的膠囊型等各種類型可供選擇。

清洗精緻衣物

精緻衣物專用洗衣精

（中性）

適用於羊毛、絲綢、蕾絲等細緻材質，用洗衣機的精緻衣物模式輕柔清洗衣物，可有效預防褪色、縮水及變形。

讓衣物柔軟蓬鬆

柔軟精

在洗衣最後一步添加，可使纖維更順滑、觸感更柔軟蓬鬆。部分產品還具有香氛、抗菌除臭、防靜電、加速乾燥等多重功效。

去除汙漬與泛黃

漂白劑

（含氧漂白劑）

除了可以漂白衣物上的汙漬和黃斑，還具有除菌和消臭效果。漂白劑有含氯和含氧2種，其中含氯的漂白效果較強，但容易褪色，因此建議清洗有顏色或圖案的衣物時使用含氧漂白劑。

放入洗衣機前的檢查！

- ☐ 確認衣物的洗滌標示（P.94）。
- ☐ 拿出口袋中的內容物。
- ☐ 有嚴重汙漬處，先手洗處理。
- ☐ 有裝飾或薄料的衣物，需放入洗衣袋中（P.93）。
- ☐ 分開清洗深色與白色衣物。
- ☐ 按包裝標示用量使用洗衣精、柔軟精。
- ☐ 勿放入過量衣物，保持洗衣槽容量在7成以下。

這些衣物要放入洗衣袋！

- 標示需要放入洗衣袋的衣物。
- 有鈕釦、拉鍊、裝飾等附加物的衣物。
- 深色衣物。
- 容易變形的衣物，如：針織品。
- 面料較薄的衣物，如：絲襪。

強行塞入洗衣袋，會造成皺褶和變形，應將摺疊好的衣物放入合適大小的洗衣袋中。

防止異味的注意事項

不要把洗衣機當作洗衣籃

脫下的衣物直接放入洗衣機，長時間放置會促使細菌滋生，產生異味和黴菌，應使用透氣性好的洗衣籃放置換洗衣物。

不要累積太多換洗衣物

汗漬和異味殘留時間愈久，會變得更難去除，而且將太多衣物塞入洗衣機，也會降低清洗效果，建議每週分 2～3 次洗衣服。

平常洗衣服時加入含氧漂白劑

在洗衣精中加入含氧漂白劑，可防止衣物半乾的異味，並有助於保持洗衣機的清潔。使用量和方法請參照漂白劑的說明。

不要將濕衣物放置太久！

即使洗過衣物，濕答答地放著也會滋生細菌，應立即晾乾。此外，要打開洗衣機的蓋子，讓裡面保持乾燥。

偶爾清潔洗衣機 每 4 個月 1 次

1 將市售洗衣槽清潔劑倒入洗衣機，並使用槽清潔模式運行。
2 槽清潔模式結束後，用住宅用中性清潔劑噴灑在抹布上，擦拭洗衣機周圍。

所需物品

- 洗衣槽清潔劑
- 住宅用中性清潔劑
- 抹布

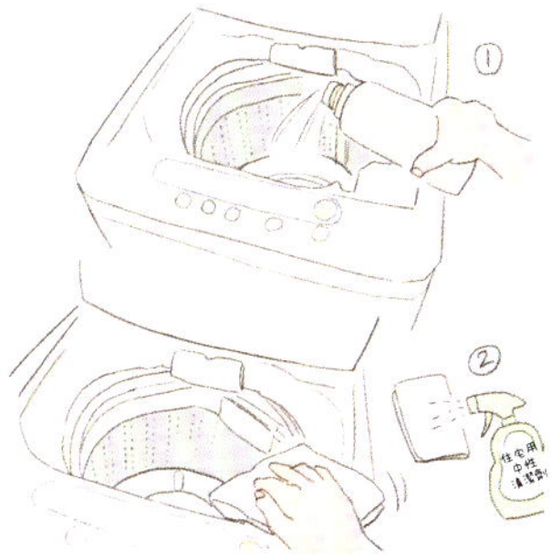

避免洗壞重要衣物
洗滌標示的判讀

「我最喜歡的衣服縮水了！」
「衣服變色了……」
為了防止洗壞衣服，
應該好好查看洗滌標示。

洗衣前先檢查標籤！

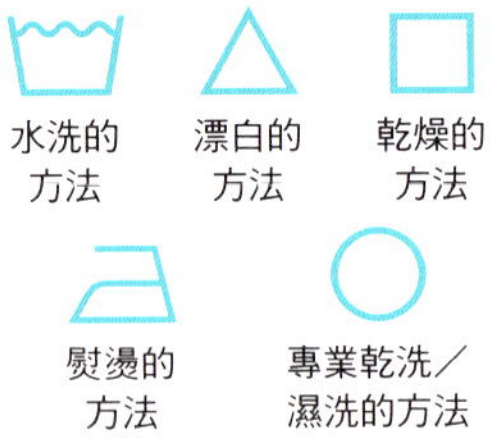

1 首先大致瞭解

衣物等標籤上的圖示，表示的是水洗、漂白、乾燥、熨燙、專業乾洗／濕洗的方式。

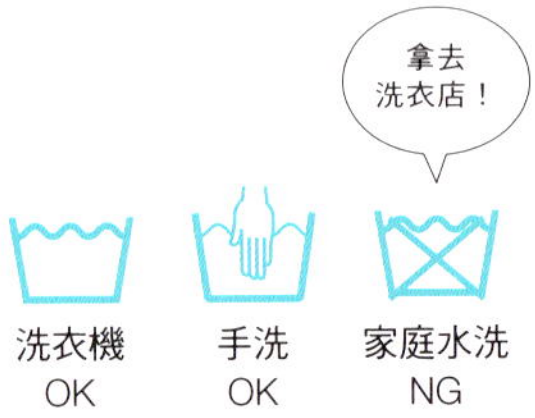

2 確認是否可以在家清洗

如果水洗標誌上沒有×，代表可以在家清洗，這時需要再進一步確認可使用洗衣機清洗，還是必須手洗。

3 確認可使用的漂白劑

如果漂白標誌上有×，代表不能使用漂白劑。即使標示可用漂白劑，也要留意是否只適用含氧漂白劑，避免用到含氯漂白劑。

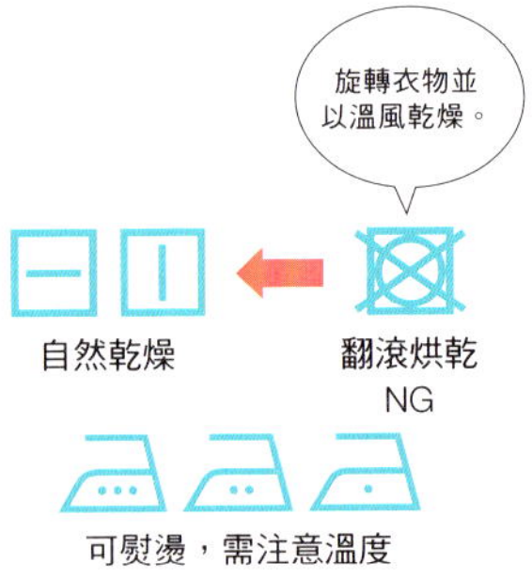

4 確認乾燥和熨燙方式的要求

確認是否能使用烘乾機、是否推薦自然乾燥，以及使用熨斗時適合的溫度。

洗滌標示一覽表

家庭水洗	漂白	翻滾烘乾	自然乾燥	熨燙	專業乾洗／濕洗
水溫最高40℃ 洗衣機「標準」*	漂白OK	最高溫度 80℃	陽光下　陰涼處 懸掛晾乾	高溫熨燙 200℃	所有溶劑皆可的乾洗 一般處理
水溫最高40℃ 洗衣機「溫和」*	含氧漂白劑OK 含氯漂白劑NG	低溫烘乾 60℃	懸掛滴乾	中溫熨燙 150℃	石油系溶劑乾洗 弱處理
水溫最高30℃ 洗衣機「弱」*	漂白NG	翻滾烘乾 NG	平攤晾乾	低溫熨燙 110℃ ＊無蒸氣	專業濕洗 極弱處理
水溫最高40℃ 手洗			平攤滴乾	熨燙NG	乾洗NG
家庭水洗 NG					濕洗NG

※根據洗衣機型號而異。

要怎麼手洗？

1. 在臉盆中倒入30℃以下的溫水並加入洗衣精，溶勻後將衣物摺好放入。
2. 根據衣物材質，使用「按壓洗」或「搖晃洗」等適合的方法清洗。
3. 換上新的溫水，重複第 2 步的動作清洗（約2～3次）。
4. 將衣物放入洗衣袋中，放入洗衣機脫水約15～30秒。

所需物品

- 精緻衣物專用洗衣精
- 洗衣袋
- 臉盆

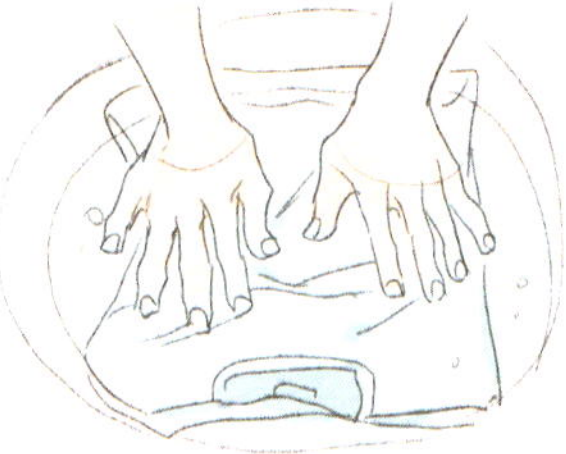

按壓洗
適合毛衣、褲子等

雙手輕輕按壓衣物，再放開讓其浮起，重複此動作清洗。

搖晃洗
適合薄衣物或內衣等

雙手捏住衣物兩端，輕輕上下搖晃清洗。

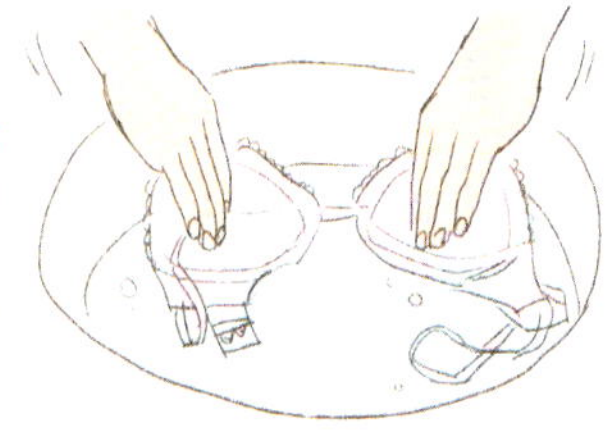

預防潮濕異味與衣物變形！

衣物的晾曬方法

獨居生活時，
白天難以在戶外曬衣服。
為了避免產生異味，
必須讓衣物更快乾。

洗滌標示中的晾曬方式是什麼意思？

懸掛晾乾／懸掛滴乾

「懸掛晾乾」是指將衣物掛在衣架或曬衣桿上晾乾。「懸掛滴乾」的吊掛方式相同，但要不經過洗衣機脫水就直接晾乾，水會往下滴，因此建議用毛巾將多餘水分吸乾再掛。

平攤晾乾／平攤滴乾

「平攤晾乾」意即將衣物攤平晾乾，或平攤在平面上晾乾，適合容易變形的衣物。「平攤滴乾」同樣是要不經過洗衣機脫水就直接晾乾，可先用毛巾吸去多餘水分。

在陽光下還是陰涼處晾曬？

容易因陽光褪色或質變的衣物，建議採用陰乾。無論是室內還是室外，都應選擇避免陽光直射的位置。為了加快乾燥，請務必晾在通風良好處。

晾曬前多幾步，減少大量皺褶

養成習慣在曬衣服前這樣做，可大幅減少皺褶：①用力上下甩動衣物、②用手掌輕拍並撫平細小皺褶、③特別整理領口、接縫處等容易產生皺褶處。

讓衣物更快乾的小妙招

晾曬於通風良好處

晾在屋內時不要掛於容易聚集濕氣的角落或牆邊，應晾在房間中央。掛在窗簾桿上也會因與窗簾重疊，阻礙通風而更難乾。

使用專用的室內晾曬洗衣精

目前市面上有許多室內晾曬用洗衣精，具抗菌、除臭等功能，有助於抑制異味。但這類洗衣精的清潔力強，不太適用精緻衣物。

衣物之間保持間距

大量衣物擠在一起晾曬，會因互相貼合而延長乾燥時間。建議每件衣物之間保持約10公分的間隔，有助於空氣流通。

善用家電提升通風效果

若室內通風不佳，可使用除濕機或冷氣的除濕功能。此外，搭配循環扇或電風扇將風直接吹向衣物，也能有效加快乾燥速度。

特別留意質料厚重的衣物

牛仔褲等質料厚重的衣物直接平放晾曬會乾得慢，建議用曬衣夾固定數處，呈筒狀吊起，不僅能加快乾燥速度，也能防止變形。

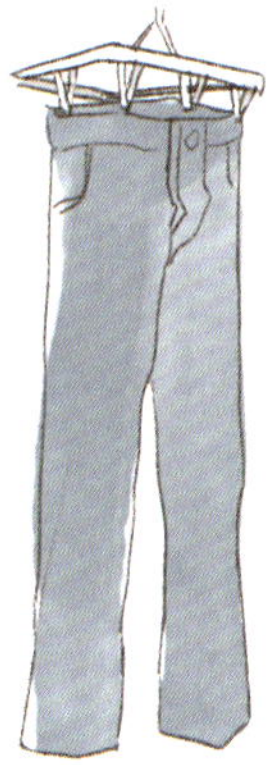

避免布料重疊晾曬

將連帽上衣的帽子立起來晾，或是將毛巾錯開長度晾掛，減少布料重疊的部分，有助於空氣流通，讓衣物更快乾。

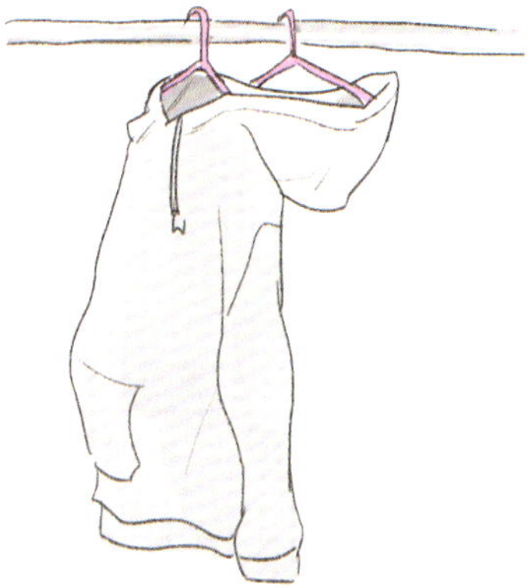

方便的洗衣技巧

黃斑、汙漬和令人不悅的臭味

好久沒穿的衣服變黃，
食物掉衣服上的汙漬去不掉……
遇到這些困擾時，
不妨先試試在家自己處理！

用含氧漂白劑 去除黃斑

衣服為什麼會變黃？

衣服洗過後，纖維上殘留的皮脂汙垢或洗衣精成分，仍會隨著時間推移變成黃色。一旦變黃，就難以用一般的洗衣方法去除了。

去除黃斑的方法

1 在桶子中加入50℃的熱水和含氧漂白劑（依照漂白劑上所標示的使用量），待溶解、泡沫冒出後，再放入衣物。

2 將衣物浸泡約30分鐘～2個小時，接著用流水沖洗、輕輕擰乾，之後按常規方式清洗即可。

用含氧漂白劑 去除臭味

為什麼洗過的衣物還會有臭味？

汗水或汙漬未能完全清洗乾淨，或者衣物長時間處於未乾的狀態，都會導致細菌滋生，留下令人不悅的臭味。

去除臭味的方法

1 在桶子中加入50℃的熱水和含氧漂白劑（依照漂白劑上所標示的使用量），待溶解、泡沫冒出後，再放入衣物。

2 將衣物浸泡約20～30分鐘，接著用流水沖洗、輕輕擰乾，之後按常規方式清洗即可。

各種汙漬的緊急處理辦法

＊僅限可用洗衣機或手洗的衣物，不可洗衣物請送至洗衣店處理。

沾到粉底或口紅

1 在衣物乾燥的情況下，將卸妝油塗抹在髒汙處，並在下面放一條毛巾。
2 用牙刷輕輕拍打髒汙處，讓汙漬轉移到毛巾上。
3 在髒汙處塗上精緻衣物專用洗衣精，按常規方式清洗即可。

沾到食物（咖啡、紅酒、醬油、醬料等）

1 用溫水清洗髒汙處，並塗上洗碗精，在下面放一條毛巾。
2 用牙刷輕輕拍打髒汙處，讓汙漬轉移到毛巾上。
3 汙漬去除後，按常規方式清洗即可。

沾到血液

1 盡快用冷水沖洗（不可使用熱水）。
2 如果汙漬仍然存在，可在桶子中加入40℃的熱水和含氧漂白劑（依照漂白劑上所標示的使用量），待溶解、泡沫冒出後，再放入衣物。
3 將衣物浸泡約1～2個小時，接著用流水沖洗、輕輕擰乾，之後按常規方式清洗即可。

沾到原子筆墨水

1 在衣物乾燥的情況下，將酒精凝膠塗抹在髒汙處，並在下面放一條毛巾。
2 用牙刷輕輕拍打髒汙處，讓汙漬轉移到毛巾上。
3 用水沖洗以去除凝膠，然後按常規方式清洗。

使用牙刷清理衣物的技巧

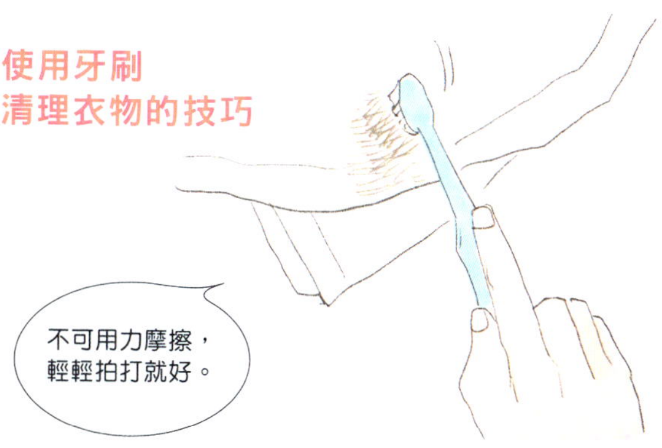

這時該怎麼辦？

清洗寢具、窗簾，保養大衣外套等

寢具和窗簾需定期清洗，無法頻繁清洗的衣物則要注意細心保養。

清洗寢具，預防塵蟎和黴菌

寢具上有很多看不見的汙垢！

成人每晚大約會流一杯水的汗水。寢具不清洗而放置不管，將成為汙漬和黴菌的根源。此外，落在寢具上的皮屑、垢、頭髮和灰塵，是塵蟎的食物。

清洗、打理寢具的頻率

床罩、枕頭套、床墊保潔墊	每週1次～每2週1次清洗
被套	每幾週1次清洗
棉被	每月1～2次趁晴天時曬2小時，去除濕氣
床墊	每月1次用吸塵器清掃後立起來通風

無法曬棉被該怎麼辦？

若無法在白天將棉被拿到戶外曬，可以使用烘被機去除濕氣，並用除蟎機吸走汙垢和塵蟎來保持清潔。每年使用1次投幣洗衣機，能更徹底地清洗棉被。

在家也能清洗窗簾！

清洗窗簾的頻率

窗簾容易累積灰塵、黴菌和異味，建議每年清洗1次。
最好選在5月～8月的晴天清洗，乾燥速度較快。

清洗窗簾，這樣做更簡單！

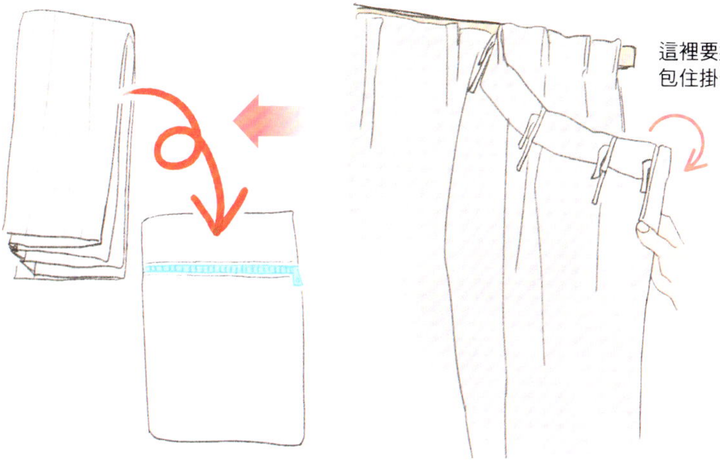

1 將窗簾從桿子上取下，不用拆除掛勾。摺兩次並包住掛勾，再將整片窗簾摺疊整齊。
2 將窗簾放入大型洗衣袋中，並使用精緻衣物專用洗衣精，選擇柔洗模式清洗。
3 清洗完成後，從洗衣袋取出窗簾，直接掛回窗簾桿上自然晾乾即可。

保養無法經常清洗的衣物

許多外套和針織衣物的質料特殊，無法在家清洗。冬季通常不會大量出汗，一季間洗幾次即可，但不可脫下後立即收納，以免細菌滋生。建議將衣物掛在衣架上，先用刷子清除灰塵，再噴上除臭噴霧，並在通風處晾一晚後再收納。

衣物換季的建議

趁機維護和整理衣服！

衣櫃內部雜亂不僅找衣服不方便，還可能導致衣物變皺或發霉，不妨趁著換季時整理一下。

開始換季吧！

1年2次，春季和秋季最適合

建議在天氣轉熱前的5月和轉冷前的9～10月進行換季。在晴天時換季，還能順便讓收納空間通風，避免潮濕。換季前先洗好衣服、處理掉舊衣，能更有效率地完成。

準備篇 洗衣服&處理舊衣

確認哪些衣服要收納，有髒汙就先清洗或送去洗衣店。另外，記得提前準備防蟲劑，有不會再穿的衣服也可以趁機處理掉。

確認哪些是不要的衣物！

- ☐ 有明顯汙漬或破損的衣物
- ☐ 過時的衣服
- ☐ 超過1年未穿的衣物
- ☐ 尺寸已不合身的衣物

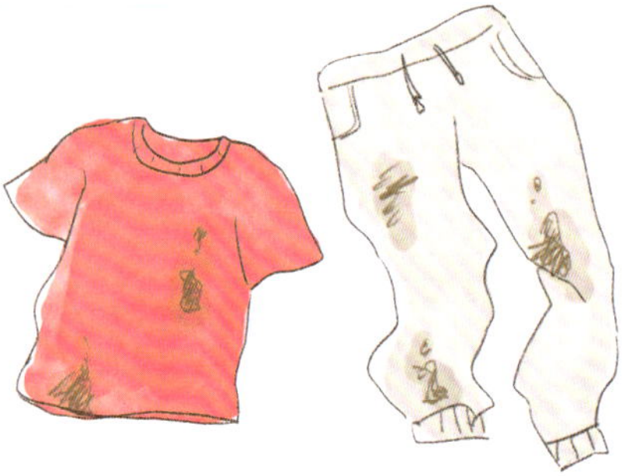

善用洗衣店的衣物保管服務

有些洗衣店業者提供宅配服務，除了取送方便，還能代為保管數個月。如果家中的收納空間有限，不妨考慮使用這項服務喔！

更換當季與過季衣物

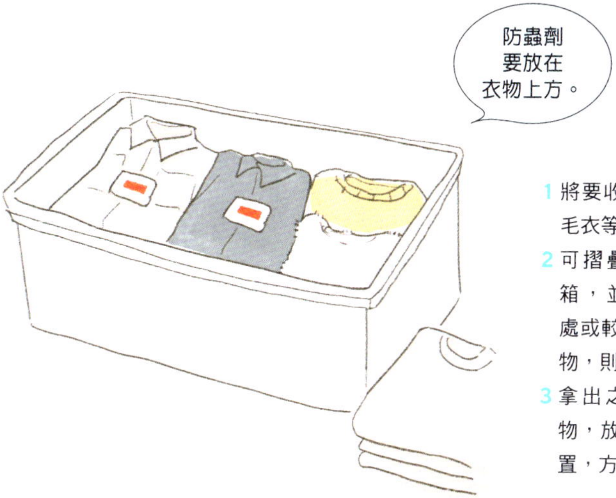

1 將要收納的衣服按T恤、毛衣等類別分類。
2 可摺疊的衣物放進收納箱，並放在收納空間深處或較高處；需吊掛的衣物，則移到衣櫃後方。
3 拿出之後要穿的當季衣物，放在前面或較低的位置，方便隨手拿取。

順便清掃衣櫃

1 換季完後，使用吸塵器清理收納空間和衣櫃內部。
2 用乾拖巾擦拭收納空間，清除灰塵。
3 記得在衣櫃最底部的角落放上除濕劑。

所需物品

- 吸塵器
- 乾拖巾
- 除濕劑

漫畫

獨居生活日誌2「打掃祕訣」

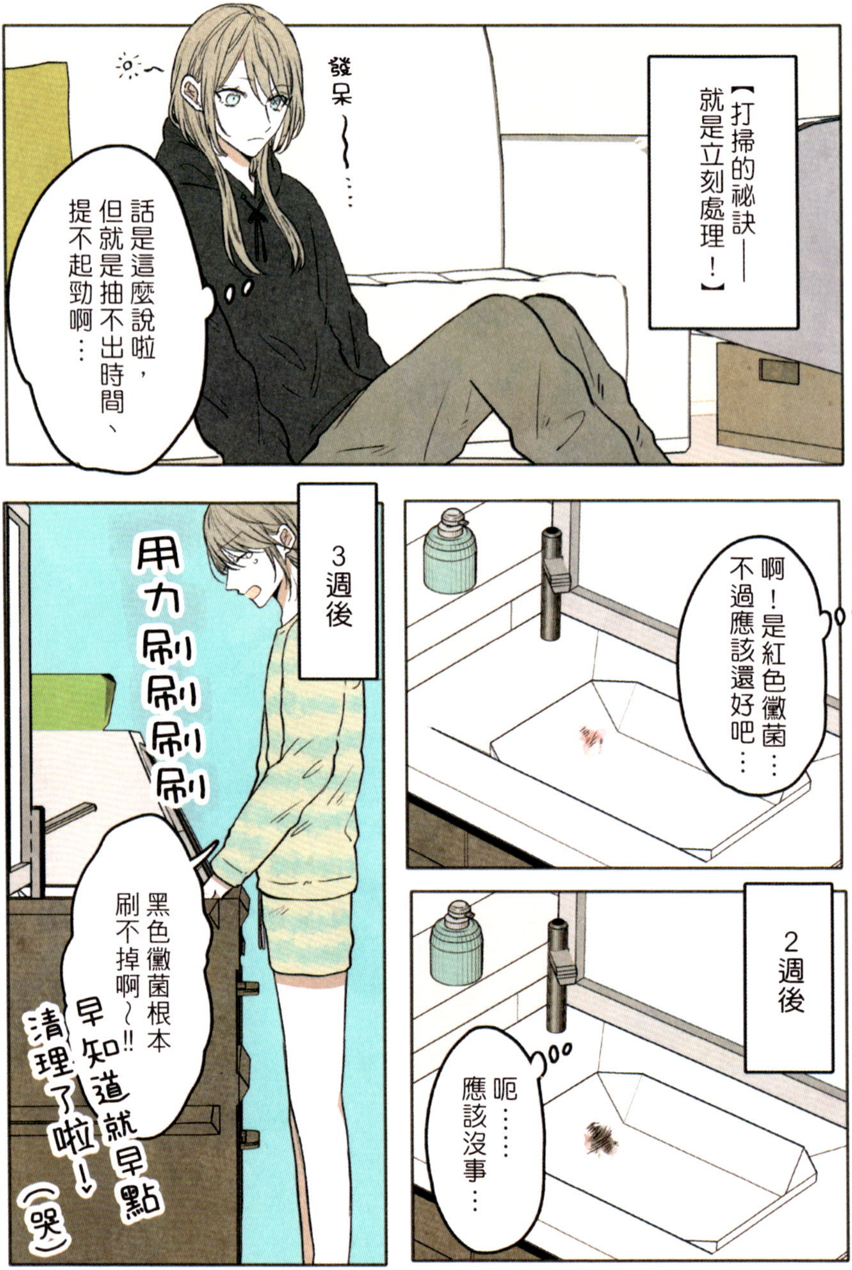

PART ▼ 4

最起碼要知道的家事入門・料理篇

監修／
池田美希

基本的料理器具

一定要準備這些！

開始自己下廚時，
準備一些基本的料理器具
能讓烹飪更有效率、減少失誤。
大多都能在生活百貨商店找到！

《首先要準備的料理器具》

砧板
木製或塑膠材質皆可。選擇能橫放在水槽上、較寬的款式會更方便。

飯匙
選擇表面有凹凸設計的款式，可防止米粒沾黏，盛飯也更美觀。

削皮刀
可以有效率地削蔬菜與水果皮，也可用於切薄片。

菜刀
建議首選「三德刀」，可以用來處理肉、魚、蔬菜等多種食材。

平底鍋（直徑 26 cm）
適合炒、煎、煮、燙等多種烹調方式，建議搭配玻璃鍋蓋一併購買。

單手鍋（直徑 18 cm）
適合煮湯、煮麵等少量料理。選擇鐵氟龍材質，還能用來炒菜。

湯勺
無論舀湯、味噌湯、咖哩都必備。建議選擇不鏽鋼材質，耐用又好清潔。

料理長筷
可以用來翻拌、夾取食材，或是確認熟度，擺盤時也很方便。

調理盆、耐熱調理盆、瀝水籃（直徑 20～21 cm）
洗食材、攪拌醬料、料理過程皆很好用，耐熱調理盆還能微波加熱。

料理匙、調理勺
無論炒菜或盛菜都好用。建議選擇耐熱矽膠材質，且最好是勺子較深的款式。

煮美味料理必須的測量器具

料理秤
用正確的份量做菜，美味度會大幅提升。習慣下廚之後，就可以考慮購買了。

計量杯
一個200mℓ的計量杯就夠。經常做飯可考慮再買一個180mℓ（＝1合）的。

大匙、小匙
建議至少擁有一組。初學者最好遵循食譜上的份量，以避免料理失敗。

協助料理的消耗品

廚房紙巾
可用來做落蓋，或是擦拭食材水分、去除浮沫。

鋁箔紙
可根據鍋子大小剪裁成落蓋代替品，也能用於烤箱料理。

保鮮膜
存放食物、微波爐加熱時都會用到，建議事先準備。

常開伙再添購

廚房剪刀
剪切較軟的肉、魚、蔬菜都可以。沒有砧板也能使用，是省時的好幫手。

小平底鍋（直徑20～21cm）
方便煎荷包蛋、做歐姆蛋或少量的炒菜，適合做早餐或便當時使用。

料理盆、耐熱調理盆（直徑15～16cm）
打蛋或做少量料理的時候，擁有稍小的料理盆會很方便，餐具用的碗也可以替代。

鍋鏟
做漢堡排、餃子、煎魚等料理時，可以不破壞形狀地翻動食材。

雙手鍋
若要煮大量的燉菜，可選擇穩定感較好的雙手鍋。直接放在餐桌上也很好看。

小砧板
當需要切少量食材的時候，小砧板容易拿取且清洗方便，做飯更輕鬆。

用餐更愉快！
基本的餐具

最初只需準備一些通用性高的餐具即可，之後感覺有需要其他餐具再去補充就可以了。

《首先要準備的餐具》

深盤
（直徑20～21㎝）

較深的盤子適合用來盛放有湯汁的料理，這個大小也適合用來吃義大利麵或咖哩。

平盤
（直徑20～24㎝）

適合盛放肉類、魚類等主菜。若是微波爐可用型的，還能用來烹飪。

汁碗

如果是木製等簡單設計，無論是味噌湯還是其他湯品，都非常合適。

飯碗

每天都會用到，可選擇自己喜歡的設計。飯碗稍微大一點，也能更方便吃茶泡飯等。

玻璃杯

裝冷飲用。日常使用上無高腳的杯子最適合；杯子較矮的話，也可用作器皿。

筷子、湯匙、叉子

湯匙和叉子最好正餐和甜點各一組，刀子則不一定需要。

用低的玻璃杯來盛放蔬菜等也很可愛。

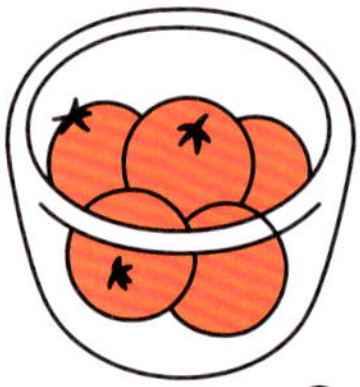

直徑約24㎝的平盤，可以一起擺放配菜和飯，當作單盤料理使用也很方便。

形狀簡潔的汁碗也可以用來當作沙拉碗。

《常開伙再添購》

丼飯碗

把配菜放在飯上，使用丼飯碗可以減少洗碗的工作。吃拉麵或烏龍麵等料理時也很方便。

冷凍米飯保鮮盒

多煮一些飯，分成每餐一份並冷凍，這樣在忙碌的日子也不用擔心，還可以帶去當便當。

馬克杯

用來裝熱飲或湯。想要長時間保溫，可選擇保溫性好的類型。

如果要將湯汁較多的拉麵等料理放入丼飯碗，建議選擇800～1000㎖的較大容量。

保溫食物罐

決定開始帶便當的話，這是個很好的選擇。只裝湯和飯糰，也能成為一餐。

《可逐步增添的小器皿》

深盤（直徑14～15㎝）

大小適合用來盛湯或燉煮料理。簡單設計的款式，無論日式料理還是西式料理都可使用。

小型平盤（直徑16～17㎝）

大小正好適合當作小菜碟或甜點碟。如果有很多客人，可以多準備幾個。

中型平盤（直徑18～19㎝）

大小正好適合用來放白吐司，洗起來也方便，可在早餐時使用，也可以用來盛副菜。

小碗（直徑約12㎝）

非常適合用來盛一人份的副菜，也可以用來盛有湯汁的菜肴，或者當作分裝鍋物料理時的小碗。

小型可愛的平盤，能讓下午茶時光更加愉快。

每天早上吃吐司的人，有中型平盤會更方便。

料理必備

基本的調味料＆食材

本篇將介紹初步必備到能做出更多料理的調味料。用不完會浪費，建議逐步增加就好。

《首先要準備的調味料＆食材》

日式料理的調味

- 砂糖
- 醋
- 醬油
- 味噌
- 酒
- 味醂

可增添甜味、酸味、鹽味和鮮味。有了這些，就能做出基本的日式料理。

ex.
味噌湯、燉煮料理、醋拌涼菜、照燒料理

加熱料理必備

- 沙拉油或橄欖油
- 芝麻油
- 奶油

如果是初次購買，可選擇沙拉油或橄欖油，之後加入濃郁的芝麻油或香氣四溢的奶油會更好。

ex.
炒菜、煎肉、煎魚

調味的基本！

- 鹽
- 胡椒

任何料理都用得到的調味料。從醃漬到調味，可以用在不同料理步驟中。

ex.
牛排、法式煎魚

光是這個就決定了味道！

- 番茄醬
- 美乃滋

這一些調味料本身味道完整，只需添加就能使食物變得美味，可以用來調味炒菜等料理。

ex.
沙拉、番茄醬雞肉炒飯

醃漬用

- 麵粉
- 太白粉

裹在肉或魚的表面上做麵衣，或是勾芡湯汁等。用途很多，有備無患。

ex.
炸雞、勾芡料理

可逐步增添的調味料＆食材

口味範圍更廣！

- 韓式辣椒醬
- 蠔油
- 魚露

可做出基本的日式和西式料理後，就能挑戰韓式、中式和異國料理了。

增加風味與鮮味

- 雞肉高湯粉、高湯粉、和風顆粒高湯
- 管裝大蒜泥、管裝薑泥
- 起司粉、芝麻

高湯可根據料理類型來做選擇。加入有香氣、風味或口感的食材，能讓味道更豐富。

可直接使用或作為調味料

- 麵味露
- 柑橘醋
- 中濃醬

有麵味露和柑橘醋，就能夠輕鬆多做一道菜。如果經常吃炸物的話，也可以常備中濃醬。

購買後可派上用場的食材

乾貨、罐頭、即食品等

- 鮪魚罐頭
- 乾燥海帶
- 冬粉
- 韓國海苔
- 冷凍烏龍麵
- 義大利麵
- 番茄罐頭

當你沒有時間去購物或煮飯時，這些食材就是救世主。乾貨和罐頭食品可以常溫保存，也非常便利。

生鮮食材

- 高麗菜
- 洋蔥
- 番茄
- 雞蛋
- 絞肉
- 豬肉片

選擇可以用於多種料理且容易烹調的食材。肉類可以冷凍保存，很方便。

雞蛋與海帶冬粉湯

鮪魚、高麗菜和番茄義大利麵

僅用常備食材也能做出豐盛料理

韓國海苔與小番茄拌菜

炒豬肉片與洋蔥

海帶味噌湯

學會依照食譜製作

食材的測量法與切法

習慣做料理之前，按照食譜準確測量並正確切菜才是成功捷徑。先掌握基本用語吧！

《食材的測量方法》

少量的液體或粉類可使用量匙測量

大匙＝15mℓ／小匙＝5mℓ

1大匙

使用湯匙柄等工具將表面刮平。

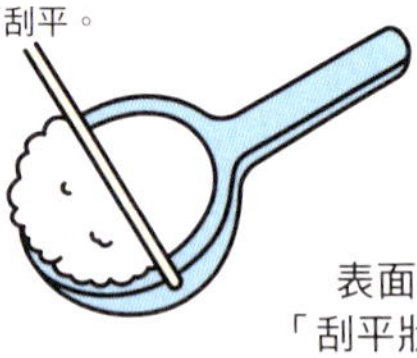

粉類

表面平整的「刮平狀態」。

液體

達到表面張力，液面微微隆起。

½大匙

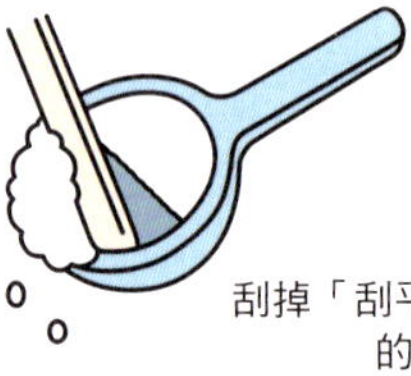

粉類

刮掉「刮平狀態」的一半。

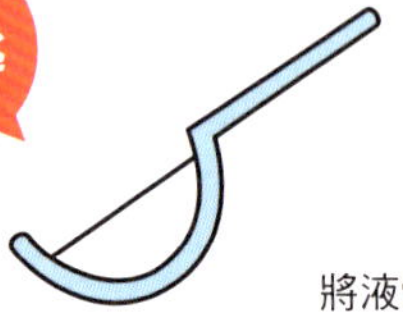

液體

將液體倒至湯匙的七分滿。

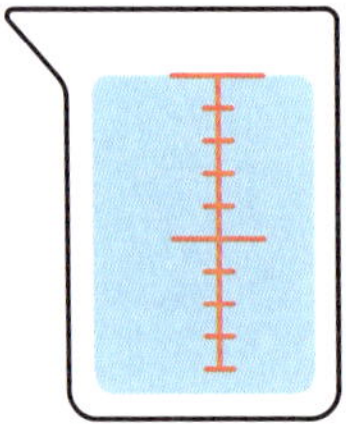

量較大時，請使用量杯

1杯＝200mℓ

1杯

粉類需將表面刮平；液體需從杯身側面確認刻度以確保準確度。

少量可用手指測量

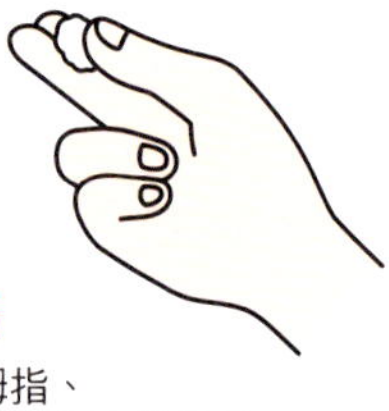

一小撮

使用大拇指、食指和中指捏取的份量。

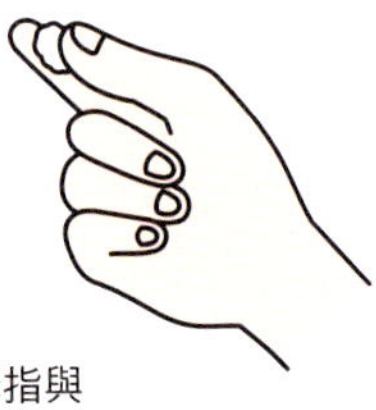

少許

使用大拇指與食指捏取的份量。

《菜刀的使用方式》

便於操控菜刀的姿勢

身體平行立於砧板前，預留約一個拳頭的距離。慣用手側的腳後退半步，以便穩定切割。

穩定的握刀方式

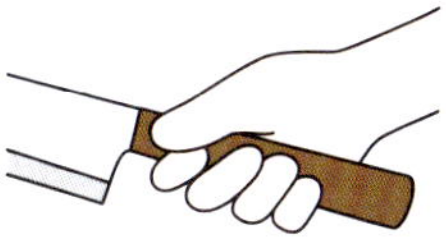

大拇指與食指夾住刀柄根部，其餘手指牢握刀柄，確保刀具穩定且易於控制。

菜刀的操作技巧

柔軟的肉類或生魚片，應從刀根切入，順勢向後輕拉刀刃，即可整齊俐落地切開。

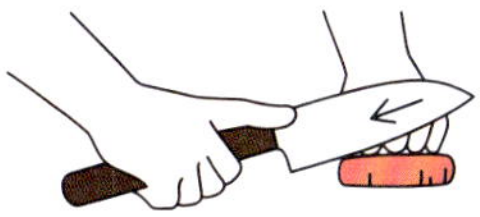

蔬菜或較硬的肉，可將刀尖以斜角切入並前推。按住食材的手指微彎以確保安全。

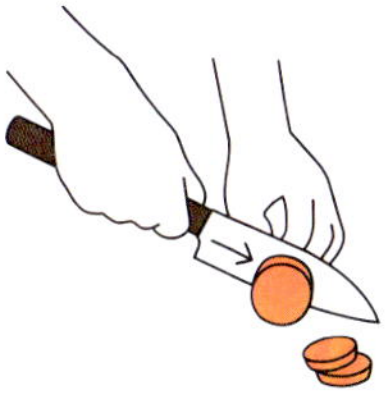

《主要的切法》

切末

將食材切成細小顆粒。

洋蔥先對半切以保留根部，沿纖維垂直輕劃切痕，再水平切2～3刀，最後從邊緣剁碎。

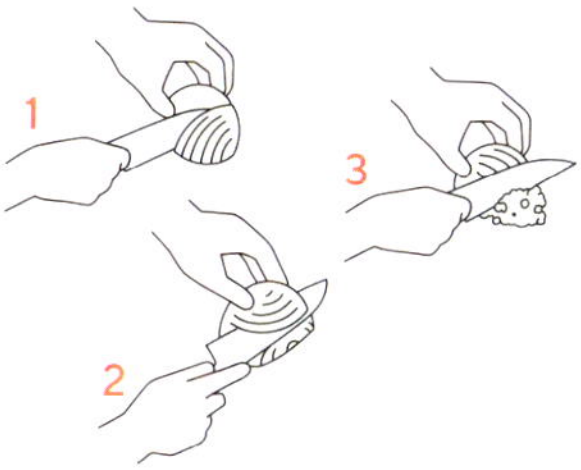

切片

切出1～2㎜厚度的薄片。

沿纖維切可保留口感，垂直切可使口感較軟。

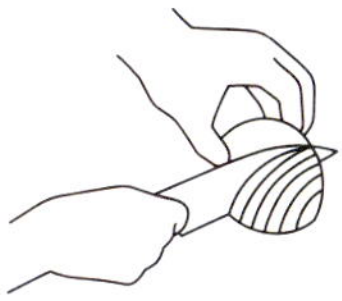

切絲

將食材切成細長條狀。

菜葉疊放後捲起，從任一端開始切絲。白蘿蔔和胡蘿蔔可先切片，疊起再切絲。

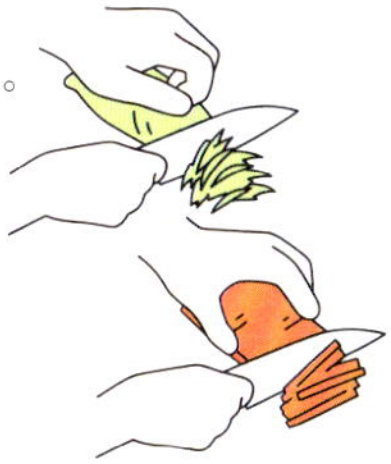

切滾刀

將蔬菜切成不規則形狀。

小黃瓜等細長蔬菜可直接切；白蘿蔔等粗長蔬菜則先縱切2～4等分，再邊轉動邊以約45度斜角切塊。

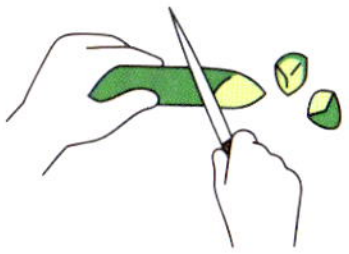

避免浪費食物

食品保存的基本知識

想要安全地享用美味食物，必須具備正確的保存知識。若能在特價時購買並妥善保存，還可有效節省開支。

買回食材後該怎麼做？

蔬菜

基本上需放入冰箱保存，但不耐低溫的蔬菜則需常溫存放。容易腐壞的蔬菜也可冷凍保存。

常溫保存的蔬菜需放置於陰涼通風處

- 洋蔥、牛蒡、南瓜等根莖類
- 馬鈴薯、地瓜等五穀根莖類

有泥土請保持原狀，放入紙袋等容器中，置於通風良好且避免陽光直射處。切開後則需用保鮮膜包裹並放入冰箱。

夏季蔬菜和葉菜類用紙包裹後放入冰箱

- 茄子、番茄、青椒等夏季蔬菜
- 小松菜、菠菜等葉菜類

不耐冷的夏季蔬菜應包裹在廚房紙巾中。葉菜類蔬菜容易乾燥，應用濕潤的廚房紙巾包裹，再放入塑膠袋中。

米

可放在陰涼處或轉移至密閉容器中，並置於冰箱的蔬果室。從「精米時期」開始算起，春夏建議在1個月內、秋冬則建議在2個月內食用完畢較佳。

肉類、魚類、雞蛋、加工食品等

應遵循標籤所示的消費期限（安全食用期限）、賞味期限（最佳食用期限）及保存方法。冷凍食品也應遵循此規範。

不會立即食用的食品請冷凍保存

麵包

每片或每個（大麵包可切開）用保鮮膜包好，再放入冷凍用保鮮袋中，放入冰箱冷凍。不能直接將包裝袋放進去冷凍。保存期限約2～3週。

解凍 自然解凍後放入烤麵包機。若只是1片，也可以從冷凍狀態直接烘烤。

煮熟的米飯

在米飯還溫熱時，分成每餐份量，平攤著用保鮮膜包好，或放入冷凍用的容器中，待冷卻後再放入冷凍庫。白米的保存期限為1個月，炊飯則約為2週。

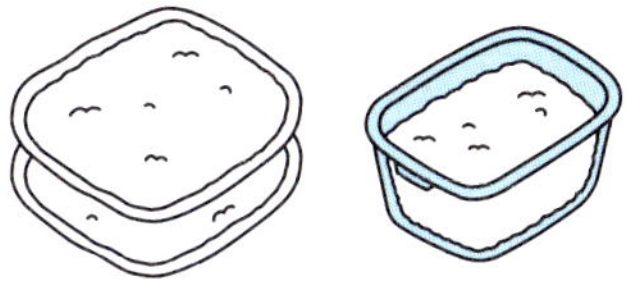

解凍 使用微波爐加熱約1分半，將飯鬆開後放入碗中，再加熱約40秒。

蔬菜

洗乾淨後切成適當大小（菠菜等葉菜類可先煮熟再冷凍，以防變黃），擦乾水分後裝入冷凍用保鮮袋，再放入冰箱的冷凍庫。保存期限約3週。

解凍 生鮮冷凍的蔬菜可直接料理；汆燙過的蔬菜可將袋子打開，放在流水下解凍。

肉塊、絞肉、魚片

購買後，立刻用廚房紙巾擦乾水分，包好每餐的份量，裝入冷凍用保鮮袋後放入冷凍庫。保存期限約3～4週。

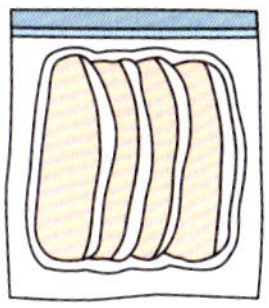

解凍 最好放入冰箱的冷藏室自然解凍，急需可用微波爐的解凍功能。

這些食材也可以冷凍！

番茄罐頭和披薩用起司也可以放入冷凍用保鮮袋，可冷凍保存約1個月。起司冷凍1小時後，輕輕搖動可防止結塊。

不適合冷凍保存的蔬菜

萵苣、貝比生菜、番茄等含水量高的蔬菜，以及牛蒡、馬鈴薯、白蘿蔔、胡蘿蔔等根莖類不適合冷凍保存。

從一菜一湯開始

自己下廚的第一步

一開始就想做很多道菜，可能中途就會放棄。只要準備好飯和味噌湯，再加上一些市售菜餚就OK了。

《首先嘗試煮飯吧！》

1 正確計量

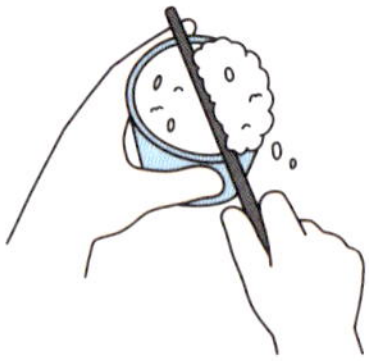

1合是180mℓ，不是200mℓ，使用專用計量杯就不會出錯。1合米約為2碗大碗的飯。

2 洗米的重點

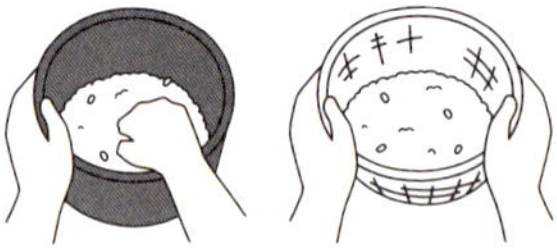

將米和水放入料理盆中，攪拌幾次後立即倒掉水，再加水並攪拌，這樣重複3～4次。

3 浸泡使米飯更加蓬鬆

將米放到電鍋內鍋中，加入與米量相對應的水，夏天浸泡30分鐘、冬天浸泡1小時，設置好電鍋後開始煮飯。

4 拌鬆是關鍵

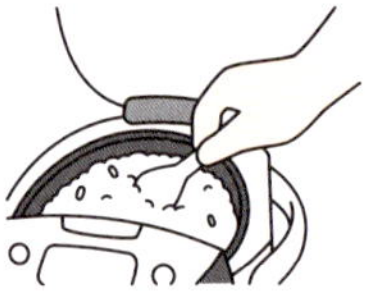

煮好後，用飯匙輕輕將米飯從底部開始翻鬆，排出多餘的水蒸氣，飯就不會變得濕軟而更美味。

《試做看看簡單的味噌湯》

1 將水（高湯）加熱

水量以每人200mℓ為基準。使用和風顆粒高湯會更簡單；如果加入會產生高湯的食材，如：肉類或蘑菇，則可以不加和風顆粒高湯。

2 煮食材並溶解味噌

將豆腐、海帶、蔬菜等喜歡的食材放入鍋中，煮至軟化後，關火並加入1人份的味噌（約1大匙），邊攪拌邊溶解味噌。

推薦配料豐富的味噌湯

像豚汁這樣有豐富配料的味噌湯，可以當作菜餚來吃！
味噌在煮沸後會散失香氣和風味，建議最後再加入。

\ 海藻可以提供膳食纖維！ /

海帶豚汁

材料（2人份）

豬五花肉薄片	80 g
洋蔥	½顆（100 g）
乾燥海帶	1大匙
沙拉油	1小匙
水	400mℓ
味噌	2大匙

作法

1 洋蔥去皮切成1㎝寬的薄片，豬肉切成3㎝左右的長段。
2 在鍋中加入沙拉油，用中火加熱；加入豬肉後，炒至顏色變白；再加入洋蔥，繼續炒至洋蔥變軟。
3 加入水，煮沸後撈去浮沫，蓋上鍋蓋用小火煮約5分鐘。
4 加入乾燥海帶，關火後邊加入味噌邊攪拌至味噌完全溶解。

ARRANGE 1

高麗菜與豆芽菜的微辣大蒜豚汁

先炒80g的豬絞肉，待肉變色後，加入撕成小片的高麗菜葉3～4片及½包豆芽菜，繼續翻炒。加入400mℓ的水，用小火煮約3分鐘後，加入2大匙味噌。最後加入少量蒜泥及幾滴辣油調味。

ARRANGE 2

番茄奶油玉米豚汁

翻炒80g的豬肉片直至肉變色後，加入1顆櫛切的番茄及2大匙玉米快速翻炒。加入400mℓ的水，用小火煮約5分鐘，然後加入2大匙味噌。玉米可以使用冷凍、罐頭或袋裝的。最後加入5g奶油。

熟悉用火

精通炒菜的技巧

用火製作的料理，能讓滿足感大幅提升！即使只將家中現有材料炒一炒，也能完成一頓很棒的餐點。

《首先要學會調整火力》

小火

瓦斯爐的火焰不會直接接觸鍋底的狀態；使用IH爐具時，溫度設置成約150℃。適用於長時間慢煮的烹調方法。

比小火更小的火力，則稱為「微火」。

中火

瓦斯爐的火焰直接接觸鍋底的狀態；使用IH爐具時，溫度設置成約160～180℃。大部分的烹調都適用中火。

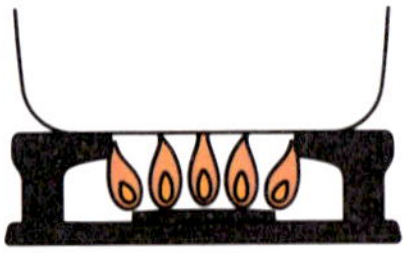

炒菜時可稍微加強火力至「稍強的中火」。

大火

瓦斯爐的火焰接觸全部鍋底的狀態；使用IH爐具時，溫度設置成約200～230℃。用來快速將水煮沸等情況。

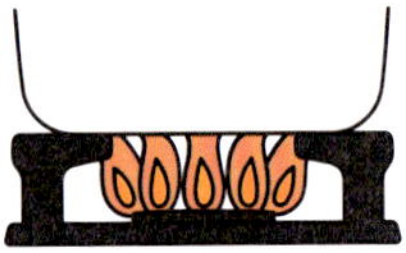

若火焰超出鍋底，表示火力過強，應該調弱。

《炒菜的重點》

禁止空燒！

鐵氟龍材質的平底鍋如果空燒會損壞，應該先放油再加熱，待鍋充分加熱後再放入食材。

基本上用中火！

炒菜通常會認為需要大火，但如果處理不當，容易只煎焦表面、內部卻沒熟而失敗，應該使用中火或稍強的中火即可。

先炒不容易熟的食材

原則上是先炒肉類和魚類，再炒蔬菜。蔬菜中像是胡蘿蔔、洋蔥、高麗菜等較不易熟的應該先炒，很快就能熟透的韭菜或豆芽菜等則可以稍後加入。

去除食材的水分

若水分過多，炒出來的菜會變得濕軟。洗過或燙過的食材應該先在瀝水籃中瀝乾，或用廚房紙巾擦乾。

《用平底鍋來炒飯吧！》

火候適中下，包裹著蛋液的飯會變得粒粒分明，
一道蓬鬆輕盈的美味炒飯就完成了。

＼ 清脆爽口又美味 ／

培根萵苣炒飯

簡單又美味，
這就是
家常料理！

材料（1人份）

熱騰騰的米飯	1大碗（200g）
半片培根	2片
萵苣	3片
雞蛋	1顆
鹽	一小撮
沙拉油	1大匙
酒	2小匙
醬油	2小匙

作法

1 將培根切成1cm寬的大小。雞蛋打入料理盆中攪拌均勻，加入飯和鹽混合。

2 在平底鍋中加入沙拉油，開中火加熱，放入培根和飯拌炒。當雞蛋熟透並變得粒粒分明時，放入撕成小片的萵苣，快速翻炒一下。

3 加入酒和醬油，繼續炒至均勻入味。

醬油要從平底鍋的邊緣倒入，這樣可激發出香氣，讓炒飯更加香軟可口。

使用鍋鏟或調理勺邊切邊炒。

COLUMN

蔬菜小配菜的創意食譜

應該積極攝取富含維生素和礦物質的蔬菜。
提前準備並加以變化，就不會吃膩！

事先燙好蔬菜以備不時之需

綠葉蔬菜或花椰菜容易失去新鮮度，在新鮮時先燙好可維持美味。

花椰菜

切成小朵後用鹽水稍微燙熟，瀝乾水分再裝入保鮮盒，可冷藏保存約2天、冷凍保存約1個月。但冷藏或冷凍後口感會變，建議用來炒菜。

變化料理

- **焗烤花椰菜**
  淋上美乃滋，放上鮪魚和披薩用起司，放入烤箱烤至金黃。
- **花椰菜炒蛋**
  用美乃滋拌炒後，加入蛋液快速拌炒，再用鹽和胡椒調味。

菠菜

用鹽水燙至微硬，切成適口大小並徹底擠乾水分。放入保鮮盒中，可冷藏保存約2天；放入冷凍用保鮮袋，可冷凍保存約1個月。

變化料理

- **涼拌菠菜**
  只需淋上柑橘醋即可。
- **韓式拌菜**
  混入韓國海苔、雞肉高湯粉和芝麻油即可完成。

將蔬菜切好後冷凍保存

將常用蔬菜切成方便入口的大小，冷凍備用，方便快速料理。

綜合菇類

將根部切除後切塊或分散成小朵，放入冷凍用保鮮袋中，可冷凍保存約1個月。可混搭多種菇類，如：鴻喜菇、杏鮑菇等。

變化料理

- **菇菇湯**
  將水和高湯粉煮滾後加入綜合菇類，最後用鹽和胡椒調味。
- **奶油炒菇**
  用奶油和培根炒香，最後淋上醬油調味。

彩椒混合包

去除蒂頭和種籽後切成適口大小，裝入冷凍用保鮮袋，可冷凍保存約1個月。混合紅、黃等各色彩椒，可讓菜色更繽紛。冷凍後口感會改變，建議用來炒菜。

變化料理

- **彩椒炒香腸**
  可直接加入冷凍彩椒，在鍋中與香腸一起拌炒。
- **金平風味炒彩椒**
  以芝麻油炒香之後，再加入糖、醬油和味醂調味。

充分利用微波爐

忙碌生活中的強力幫手！

平常沒空或不能開火時，微波爐也是一個很好的戰力。不僅可以用來加熱，還可以用來煮飯或做菜。

推薦給獨居者的廚房家電

電鍋

對於獨居者來說，能煮3合米的電鍋就夠用了。不僅能煮飯，還可用來做燉煮料理等。設置好便可以放著不管，不用一直看著也能完成料理。

微波爐

可解凍冷凍飯、加熱便當之外，還能用來燙蔬菜或去除豆腐水分等，功能非常多元。

多功能烤箱

喜歡吃麵包者必備的家電！不僅能烤麵包，還能做焗烤、烤鋁箔料理、裹麵包粉料理，擴展烹飪的多樣性。

快煮壺

0.6～0.8L的容量最適合獨居者使用。在爐子上烹調配菜的同時，能迅速煮沸熱水做成速食湯或味噌湯。

微波爐的使用注意事項

小心食物爆裂或突然沸騰

- 帶殼生蛋、水煮蛋、荷包蛋→禁止使用微波爐；但生蛋打散後OK。
- 栗子、銀杏、香腸等有殼、皮或膜的食材→加熱前請先在其上劃上裂縫或切口。
- 帶塞子或蓋子的容器→加熱前請先取下塞子或蓋子。
- 飲料或湯類→加熱時可能突然沸騰而燙傷人，建議先蓋上保鮮膜，一邊觀察情況一邊加熱。

注意瓦數

如果食譜設定的瓦數與家中微波爐的瓦數不同，請調整加熱時間。500W變600W：時間乘以1.2；600W變500W：時間乘以0.8。

注意容器

購買器皿或容器時，務必確認是否可用於微波爐，需避免使用不耐熱的容器、鋁箔、金屬容器、漆器等。

用微波爐來做晚餐吧！

烹調後即可直接端上餐桌，減少清洗碗盤的麻煩。
保鮮膜包太緊可能導致爆裂，稍微鬆鬆地覆蓋即可。

用花椰菜
增添色彩

明太子奶油烏龍麵

材料（1人份）

冷凍烏龍麵	1球
明太子	½根
花椰菜	4～5小株
太白粉	1小匙
麵味露（3倍濃縮）	1大匙
牛奶	100mℓ

作法

1 將花椰菜切末，明太子劃開取出魚卵。
2 在耐熱容器中放入太白粉與麵味露，攪拌均勻後倒入牛奶拌勻。接著放入花椰菜和稍微沾濕的冷凍烏龍麵，輕輕覆蓋保鮮膜後，放入微波爐（600W）加熱約6～7分鐘至熟透。
3 加熱後立即取出，迅速攪拌至濃稠狀態，再加入明太子稍微拌勻。

隨著時間會逐漸變濃稠，因此加熱後要立刻攪拌。

軟嫩又多汁！

微波爐雞叉燒

將雞肉放涼可使其更入味。可以直接享用，也很推薦做成丼飯。

材料（1人份）

雞腿肉		1小塊（約200g）
A	酒	1大匙
A	砂糖	1大匙
A	醬油	1又½大匙

作法

1 用叉子在雞腿肉表面均勻戳洞。
2 將食材**A**放入耐熱容器中拌勻，加入雞腿肉並充分醃漬。雞皮朝下，輕輕覆蓋保鮮膜後，放入微波爐（600W）加熱約5分鐘。若肉的顏色尚未完全變白，可每次加熱30秒，直到熟透。
3 加熱後，將雞肉浸泡在醬汁中冷卻，以便更入味。最後切成適口大小即可。

用微波爐來做早餐吧！

用微波爐料理不需要全程看管，非常適合忙碌的早晨，
可以一邊準備早餐一邊梳洗打理。

\ 用馬克杯就能完成！ /

火腿起司法式吐司

一個馬克杯
就能簡單做！

材料（1人份）

吐司（6片切）		1片
雞蛋		1顆
火腿		2片
披薩用起司		10g
A	牛奶	80mℓ
A	鹽	一小撮

作法

1 將雞蛋和食材**A**放入馬克杯中拌勻。吐司和火腿撕成方便入口的大小，放入蛋液中稍微攪拌並浸泡。

2 將披薩用起司撒在表面，無需蓋保鮮膜，放入微波爐（600W）加熱2分30秒～3分鐘，直到蛋液凝固。可依喜好撒上胡椒或巴西里。

ARRANGE 1

番茄起司法式吐司

在馬克杯中放入1顆雞蛋、無鹽番茄汁80mℓ、顆粒狀雞湯粉¼小匙、一小撮鹽拌勻。加入撕成小塊的吐司1片和香腸2根，稍微拌勻後，依照「火腿起司法式吐司」的第**2**步加熱即可。

ARRANGE 2

香蕉咖啡歐蕾法式吐司

在馬克杯中放入1顆雞蛋、市售咖啡歐蕾80mℓ和砂糖1小匙攪拌均勻。加入撕成小塊的吐司1片和切成薄片的半根香蕉，輕輕拌勻後，無需蓋保鮮膜，以微波爐加熱2分30秒～3分鐘。最後淋上適量蜂蜜即可享用。

挑戰自己製作便當

想要節省開銷可以這樣做！

帶便當不僅能省錢，也有益於健康和美容。但別給自己太大壓力，偶爾做些簡單菜色輕鬆應對即可。

《製作便當的技巧》

填滿空隙的填裝技巧

先放入米飯，若便當盒沒有隔板，建議將米飯的邊緣稍微斜放。接著放入體積較大的主菜，最後再用較小的配菜填滿縫隙。

注意衛生

為防止食物中毒，所有食材都要完全熟透，尤其注意中心部位。湯汁要充分瀝乾，飯菜需放涼後再裝入便當盒。

活用晚餐的剩菜

晚餐時多做一些配菜，隔天就能輕鬆放進便當。早上裝便當前，記得先用微波爐重新加熱殺菌，這樣會更安心。

用蔬菜增添色彩與營養

放些燙熟的花椰菜、四季豆或小番茄，不僅達到營養均衡，也能豐富便當的色彩。習慣後，可以試試芝麻拌菠菜或炒青菜等簡單菜色。

《忙碌時的偷懶小撇步》

方便的冷凍飯糰

將飯糰用保鮮膜包起來冷凍，有助於應付忙碌的日子。內餡推薦梅乾或鮭魚，出門前記得用微波爐解凍再帶走哦！

食物罐是你的好幫手

料滿滿的湯，搭配米飯、飯糰或麵包，就是一頓美味的午餐。有一個保溫效果良好的食物罐會很方便。

從簡單的便當開始做吧！

能同時攝取肉類和蔬菜的丼飯料理，非常適合用來做簡單便當。
即使是相同的食材，只要變換調味料，就能享受多種風味！

\ 滿足感十足！ /

薑燒豬肉丼便當

將薑燒豬肉鋪在米飯上，
做成丼飯風格。
醬汁滲入米飯更美味！

材料（1人份）

米飯		1碗（丼飯大小）
豬肉片		100 g
洋蔥		¼顆
鴻喜菇		½包
鹽		少許
太白粉		½大匙
沙拉油		½大匙
A	麵味露（3倍濃縮）	1大匙
A	管裝薑泥	1小匙

作法

1 將洋蔥去皮，切成5㎜厚的薄片。去除鴻喜菇的根部並撕散。在豬肉片上撒上鹽和太白粉。

2 在平底鍋中加入沙拉油，以中火加熱，加入豬肉並炒至變色。加入洋蔥和鴻喜菇，繼續炒至軟化，再加入食材**A**翻炒均勻。

3 在便當盒中放入米飯後，將炒好的食材放在飯上。可以依個人口味，加上煮熟的綠花椰菜、小番茄或水煮蛋等配菜。

ARRANGE 1

番茄豬肉丼便當

作法同「薑燒豬肉丼便當」，食材**A**改為番茄醬1大匙、砂糖½小匙、鹽少許。

ARRANGE 2

豬肉洋蔥美乃滋柑橘醋丼便當

作法同「薑燒豬肉丼便當」，僅將食材**A**改為美乃滋1小匙、柑橘醋1大匙。

向專家請教重點

親自下廚的生活Q&A

負責監修本章的料理研究家池田美希小姐，在此解答親自下廚生活中常見的疑問。

入門篇

果然還是開始親自下廚比較好？

Q 自己下廚有什麼好處呢？

A **首先是節省開銷，並且還能增加自信。**

外食的花費很高；但為了省錢而選擇速食，又會導致營養不均衡。
親自下廚是自立的第一步。能夠自行管理金錢和健康，也能增加自信。
我在向家人詢問料理相關問題時，也緩解了思鄉之情。

Q 對獨居的人而言，親自下廚的CP值會不好嗎？

A **親自下廚的次數愈多，節省的效果愈顯著。**

如果一週只做1～2次，確實容易浪費食材、開銷更大。
增加親自下廚的次數，可以更有效地使用食材，降低每餐的費用。
一開始建議只要買夠1～2天使用的食材即可；習慣下廚後，再多買一些並冷凍保存，進一步節省開支。

《實踐篇　這種情況該怎麼辦？》

Q 要怎樣才算是營養均衡？

A 以食物色彩豐富度來確認，會更容易喔！

我們需要從餐點中攝取的營養，包括❶碳水化合物（如：米飯、麵包、麵條等）、❷蛋白質和脂質（如：肉、魚、蛋、豆腐等）、❸維他命、礦物質和膳食纖維（如：蔬菜、菇類、海藻等）。只要有❶～❸（特別是蔬菜），餐點自然會變得多彩繽紛，可以用此作為確認是否有營養均衡的指標。

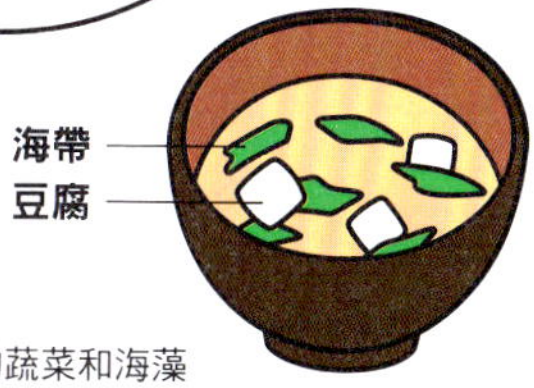

可以將容易攝取不足的蔬菜和海藻當配菜，或加入味噌湯等湯品中，這樣就不會攝取太少了。

Q 有什麼衛生上的注意事項嗎？

A 以防食物中毒，要養成清潔的習慣。

首先要留意❶在料理前後或過程中勤洗手；❷碰過生肉、魚、蛋的手不要去接觸生食的沙拉或煮熟的食物；❸肉類、魚類等需要加熱的食物，要確認中心內部都有徹底煮熟。
如果可以的話，最好準備2塊砧板，一個用來切蔬菜、一個用來切肉或魚，這樣會更安心。

Q 總是無法堅持親自下廚……

A 不要追求完美！可以依賴便利的食材。

只煮米飯配湯也沒問題，能做一道菜就很棒了。可以用市售的配菜或冷凍食品來補充，並利用微波爐、電鍋等家電輔助料理，這樣就能輕鬆持續下去了。
此外，如果做不出好吃的料理，容易感到沮喪，建議一開始先跟著食譜做。

漫畫 獨居生活日誌 3「微波爐專用調理鍋」

終於買了微波爐專用調理鍋！
來啦～
放進冷凍蔬菜、魚、肉、水和調味料，再用微波爐加熱，
一人份鍋物就完成啦！
不用洗太多餐具，又能短時間完成，是超適合獨居生活的料理方式！
不用鍋子也能煮即食拉麵，買得真是太值了～
好輕鬆～!!

PART ▼ 5

監修／
福一由紀

獨居生活的金錢狀況

先瞭解目前的狀況

獨居生活需要花費多少錢？

展開獨居生活後，一定會驚訝於每日的開銷，因此首先要瞭解自己在哪些地方花了多少錢。

獨居生活的必要開銷

每個月固定支出的金額 〉固定開銷

水電瓦斯費

冬季和夏季用空調的機會較多，電費會有所上升，應注意季節性變動。

房租

一般來說，房租會占收入的30％，都市地區可能會超過這個比例。

交通費

上班或上學的定期票費用、停車費等屬於固定費用。偶爾會有的交通費，則屬於生活開銷。

通訊費

手機費、網路費等，可藉由調整費用設定有效節省開支。

定期存款、保險費、訂閱費、NHK收視費等也屬於固定開銷。

社會保險費、住民稅、所得稅

有公司的話，通常會直接從薪水扣除。住民稅是根據前年的收入來繳納，一般在進入公司後第二年才會開始扣除。

每月的花費會有所不同 〉生活開銷

日用品費

主要花在買衛生紙、保鮮膜、清潔劑等消耗品上。可利用在特價時購買，有助於減少開支。

餐費

餐費通常會占收入的10～15％。盡量親自下廚，能有效控制餐費的支出。

為了應對醫療費等突發性支出，準備預備金會更安心！

娛樂費

在旅行、電影、音樂等愛好或休閒活動上支出的費用，應制定計畫以防過度花費。

交際費

包括節日慶祝開銷等。常與朋友外出用餐，應將聚餐費視為交際費來管理，並注意不要超預算。

治裝費

包括買衣服、鞋子、化妝品，以及上美髮院等支出的費用，最好設定預算以免過度花費。

《掌握自己每月的開銷》

一開始可以只在筆記本或手帳上記錄「哪些費用」上「花了多少錢」，用記帳APP（P.132）會更方便。

首先確認1個月的支出！

如果連自己每月的開銷都搞不清楚，就無法判斷需要節省多少。試著記下1個月內的花費，並填寫下面的表格。

關鍵在於收支平衡

根據生活地點，支出也會有所不同，舉凡居住地在都市還是鄉下、公司是否有提供租金便宜的員工宿舍等。下面表格中的平均金額僅供參考，總之要先將支出控制在自己的收入範圍內。

1個月大概花了多少錢？

	試著列出自己1個月的花費	34歲以下的在職人士平均花費
房租	元／圓	3萬6,380圓
水電瓦斯費	元／圓	9,158圓
通訊費（網路費、手機費等）	元／圓	8,436圓
交通費（包含汽車相關費用）	元／圓	1萬4,573圓
社會保險費、住民稅、所得稅	元／圓	5萬7,401圓
餐費（包含外食費用）	元／圓	3萬5,014圓
日用品費	元／圓	1,965圓
治裝費	元／圓	1萬3,759圓
交際費	元／圓	7,805圓
娛樂費	元／圓	2萬2,488圓
其他（醫療費等）	元／圓	1萬1,340圓

※平均金額根據日本總務省統計局「家計調查（單身）勞動者世代34歲以下」（2022年）計算得出。

理財的基本方法

聰明使用、確實存錢

獨居生活的關鍵之一，就是妥善管理生活所需金錢。
養成習慣，定期檢視「現在能花多少錢」吧！

生活中可支配金額有多少？

收入	－	固定開銷	－	儲蓄與投資	＝	生活開銷
薪資、打工費、家人給的生活費等		每個月固定支出的金額		收入進帳後，預留部分做儲蓄		能在預算內靈活調度就沒問題囉！

1 將自己的收入、固定開銷、儲蓄與投資等，套入上方公式後計算出生活開銷的預算。

2 比對P. 131記錄的1個月生活開銷，確認是否在預算範圍內。

3 若超出預算，應檢視並調整固定開銷或生活開銷，以達到節省的目標。

使用記帳APP來理財

記帳本是用來做什麼的？

記錄自己何時、在哪、花了多少錢，掌握每個月所需費用之餘，還能發現哪些地方可重點節省開支。

推薦使用記帳APP

市面上有許多記帳本，但若沒時間仔細記錄，建議用記帳APP，能輕鬆輸入支出並計算花費。

如果經常使用現金購物，選擇具備掃描發票功能的APP會很棒！

偏好非現金支付的人，使用能與信用卡等連結的APP會更方便。

使用記帳APP 進行1個月理財挑戰

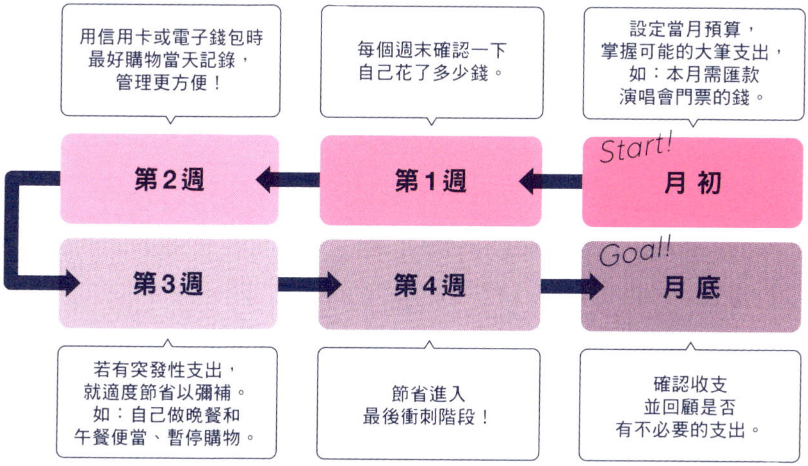
Start!
月 初
設定當月預算，
掌握可能的大筆支出，
如：本月需匯款
演唱會門票的錢。
第1週
每個週末確認一下
自己花了多少錢。
第2週
用信用卡或電子錢包時
最好購物當天記錄，
管理更方便！
第3週
若有突發性支出，
就適度節省以彌補。
如：自己做晚餐和
午餐便當、暫停購物。
第4週
節省進入
最後衝刺階段！
Goal!
月 底
確認收支
並回顧是否
有不必要的支出。

獨居生活的省錢妙招

確認訂閱服務

定期檢視訂閱的影音串流平台、手機應用程式等付費服務，如果某些服務使用頻率低，則可以考慮取消訂閱。

更換手機電信業者

手機費往往比預期的高。與大型電信公司簽約的人，只要更換為便宜的電信公司，就有可能大幅減少這筆固定開銷。

天然氣瓦斯更省錢

在都市地區，桶裝瓦斯通常比天然氣瓦斯（都市瓦斯）貴。找房子時，建議確認並選擇使用天然氣瓦斯的房源。

活用二手交易APP

不僅能以更便宜的價格購買想要的東西，還能出售不需要的物品來增加零用錢。也可趁機整理房間，一舉多得！

檢視自己的購物習慣

常買超商或自動販賣機的東西，積少成多也是一筆不小的開支。有時買新品會養成習慣，可以思考一下自己是否真的需要。

不降低品質的節省餐費法

採極端省錢方法，只吃便宜食材等可能有害健康。不妨多親自下廚，或是一口氣採買、善用冷凍等，運用生活巧思來省錢。

信用卡&電子錢包

使用方便的同時要小心

信用卡相關優惠多，但可能讓人變得揮霍無度，需注意平衡使用。

要選擇哪種信用卡？

「積分回饋制」和「年費」

積分回饋制即根據刷卡金額返還積分，其比率稱為「還元率」。選擇在常去商店使用時還元率較高的卡比較好；年費太高會無法賺回來，建議選擇免年費的卡。

信用卡的額外優惠

經常在樂天市場購物，就用樂天卡；經常去便利商店或星巴克，就用三井住友卡（NL）等，選擇容易累積積分的卡片。

信用卡都會推出許多吸引人的優惠，如：提供指定餐廳或商店的折扣、提高還元率、國內旅行傷害保險等。可以根據這些優惠來選擇信用卡。

不要用預借現金和固定限額還款！

延長支付時間的固定限額還款

固定限額還款（リボ払い）即不管每個月消費多少，還款金額都是固定的。產生的手續費（利息）較高，一直使用會導致本金難以還完，有償還時間變長的風險。

預借現金可能損害信用

預借現金即透過信用卡在ATM等借取現金的服務。借款方便，但如果償還遲延，會對貸款合約等造成不良影響。

分期付款與固定限額還款的區別

假設4月購物3萬圓、5月購物1萬5000圓：

5個月後仍要繼續還款。

	4月	5月	6月	7月	8月以後…
固定限額還款 設定5000圓	5000圓 +手續費	5000圓 +手續費	5000圓 +手續費	5000圓 +手續費	5000圓 +手續費…
分期付款 分3次還款	1萬圓 +手續費	1萬5000圓 +手續費	1萬5000圓 +手續費	5000圓 +手續費	

電子錢包有哪些？

主要的電子錢包種類

種類	特徵	主要服務
QR Code系統	・出示或掃描QR Code、條碼，進行支付。 ・可能有積分回饋、折扣功能、個人間轉帳功能等服務。	au Pay、Pay Pay、d払い、楽天ペイ等
交通系統	・由交通機構發行。 ・除了可支付電車與公車的車資，還可用於商店購物。 ・在某些區域外也通用。	Suica、ICOCA、Kitaca等
通路系統	・由超市、便利商店等通路商公司發行。 ・在集團或連鎖店購物時能更快累積積分。	nanaco、WAON等
信用卡系統	・將卡片觸碰在刷卡機進行支付。 ・使用信用卡、簽帳金融卡等進行結算。 ・可累積信用卡積分。	iD、QUICPay等

電子錢包的支付方式

種類	特徵	主要服務
預付型	事先加值一定金額，可設定每月固定加值金額，管理方便。	Suica、PASMO、楽天Edy、nanaco、WAON、iD等
事後支付型	與信用卡等連動，先消費後付款，可累積積分。	iD、QUICPay等
簽帳金融卡型	與銀行發行的簽帳金融卡綁定，消費後金額會立即從銀行帳戶中扣除。	iD等

電子錢包的選擇方式

精選電子錢包

比起使用多種電子錢包，不如精選2種常去商店可使用的電子錢包，能更有效率地累積積分。不過要注意，不要因為想累積積分而做不必要的消費。

初學者推薦使用預付型、簽帳金融卡型

使用事後支付型的話，餘額不足會啟用自動加值功能，方便的同時可能造成超支。選擇固定金額的預付型或簽帳金融卡型，會比較容易管理。

存款、投資、保險

為將來做準備的理財方法

當每個月不再出現赤字，能順利管理財務時，便可以開始考慮如何規劃未來的金錢使用了。

《應該有多少存款？》

先將收入的1成存起來

雖然根據個人房租而異，但初期目標一般是每個月將手頭收入的10％存起來。如果收入增加，將20％用來存款會更加安心。

優先還就學貸款

若是有利息的就學貸款，應盡快還清以減少利息支出，將省下來的錢用來還款會是較好的選擇。

設定目標以提升動力

無論是作為旅行基金、購車費用，還是減少未來的不安等，設定愈具體的存款目的與目標金額，愈能激發動力。

設定目標後，再設立完成期限，可以讓每個月的存款金額更有參考依據。

《打造存款機制》

關鍵在於使用「不同的錢包」

可以選擇定期存款，將存款轉到專用帳戶，或利用公司提供的財形儲蓄制度等方式，將存款存入不易提取的帳戶，有助於提高儲蓄的效果。

存款的基本原則是「先儲蓄」

將每個月花剩下的錢作為存款，通常難以累積；應在每個月開始花費前先存一定金額，再用剩下的錢來生活。

獨居生活時應該加入的保險

為損害賠償風險做準備

當發生損壞他人財物或腳踏車事故等情況時，可透過「個人賠償責任保險」來進行補償。多數方案會將全家成員納入保障，因此可先確認家中是否已經投保。

根據經濟能力選擇醫療保險

醫療保險有助於減輕醫療費用的負擔。日本有公立醫療保險降低醫療費用的自付額，年輕時不必勉強加保民間保險，等收入有餘裕時再考慮即可。

保險分為公立保險與民間保險

保險分為由國家運營的公立保險（原則上強制加入），以及由保險公司運營的民間保險（可選擇性加入）。若公立保險無法涵蓋希望保障的風險，可考慮投保民間保險。

公立保險與民間保險

風險	公立保險（原則上強制加入）	民間保險（可選擇性加入）
受傷、疾病	公立醫療保險（健康保險、高額醫療費用制度等）、醫療費補助制度	傷害保險、醫療保險、癌症保險等
工作上或通勤途中受傷、生病	勞災保險	勞動災害綜合保險 等
退休	公立年金（老年年金）	個人年金保險 等
死亡	公立年金（遺屬年金）	死亡保險 等
介護與失智症	公立年金（身心障礙年金）、公立介護保險等	介護保險、失智症保險 等
身心障礙	公立年金（身心障礙年金）、自立支援醫療等	身體障礙保險、所得保障保險、就業不能保障保險 等
失業	雇用保險	
偶然事故或災害造成的損失		損害保險（車險、火災保險、傷害保險、個人賠償責任保險等）

什麼時候開始投資？

初學者可嘗試定期投資

採每個月持續購買金融商品的定期投資，可從少量資金開始，較容易上手。建議善用政府推出的免稅制度「NISA」與「iDeCo」。

使用與證券公司連動的信用卡還能累積積分！

留下生活資金與緊急用資金

投資相較於銀行存款，能帶來更多的資金增長，但同時也存在損失風險。確保生活費與計畫中所需資金、緊急用資金後，有餘裕再進行投資即可。

《借款相關的金錢問題》

無法還完固定限額還款

固定限額還款的手續費率高，每個月的還款金額太低，會難以還完本金，導致還款期延長。
這時可以考慮以下方法：

1 增加每月還款金額或提前還款，以減少餘額。
2 向利息較低的信用貸款借錢，先償還固定限額還款（注意，這麼做不等同完全還清欠款）。
3 請律師或司法書士等專業人士協助進行債務整理（任意整理），與債權人直接協商，要求延長還款期限或是減免利息（但是事故資訊有可能會記錄於信用報告中，從而影響到之後的貸款審查等）。

被要求擔任借款的連帶保證人

擔任連帶保證人，將承擔全額借款的償還責任。無論如何一定要拒絕，可以藉口說自己也有債務在身等。

朋友借錢不還

朋友之間借錢，沒有書面借據下，情況可能更加複雜。若未定還款期限，可以藉由電子郵件或社群媒體催促，提醒對方借款的存在並確認還款期限（可保存所有溝通過程作為證據）。如果催促多次仍未還款，可發送內容證明郵件，以法律作為最終手段。

因契約而遭勸誘借錢

有時告知販售教材、美容服務等的推銷員「無法支付高額費用」時，對方可能會提議你借錢支付。這時一定要仔細考慮是否需要借錢，否則應該果斷拒絕。如果不小心簽了契約，可撥打消費者諮詢專線（日本為188，台灣為1950）尋求協助。

生活中到處潛藏金錢陷阱，舉凡有人借錢、在強行推銷下購買高價商品等等，在問題惡化前趕快解決吧！

《推銷、惡劣經商相關的金錢問題》

收到不明商品

如果收到未曾訂購或簽約的商品，可以自行處理，無需支付任何費用。即使商家事後要求付款，也不用擔負付款的義務。

1 商家要求付款，也不需要理會，可直接無視。
2 如果因誤以為有付款義務而支付了款項，也可要求退款。如有困難，請撥打消費者諮詢專線尋求協助。

在強行推銷下購買了高價商品

近年來，利用「這是投資」等誘人話術迫使消費者購買高價商品的案件逐漸增加。如果不慎購買了，應立即解除合約。

1 即使是已拆封商品，若是透過上門訪問銷售，則可在8天內行使「冷靜期」(契約解除權)；若是多層次傳銷，則期限為20天。可撥打消費者諮詢專線尋求協助。
2 超過上述期限，某些情況下仍可解除契約，建議撥打消費者諮詢專線。

《延遲付款相關的金錢問題》

無法支付手機費

若超過付款期限7～10天，將收到催繳通知；若仍不支付，手機門號將遭停用，甚至強制解約。請在情況惡化之前及早應對。

1 逾期將產生滯納利息，並可能登記於信用報告中，影響日後的貸款審查。應盡快聯繫電信業者，商討可否分期或延後付款。
2 如果今後仍難以支付，應考慮調整費率或更換為較便宜的SIM卡方案等。

無法支付房租

如果未能如期繳納房租，將產生滯納金；逾期達3個月，可能將解除租賃契約。因此，及早採取應對措施至關重要。

1 逾期後，應立即聯繫房東或管理公司，說明原因並告知預計付款時間。
2 若延遲付款，連帶保證人或緊急聯絡人也可能收到通知，應提前告知並請求理解與協助。如有資金困難，也可向他們尋求協助。
3 若仍然無法支付，建議向地方政府提供的免費法律諮詢服務或日本司法支援中心（Houterasu）尋求支援。

漫畫

獨居生活日誌4「記帳APP」

獨居生活最重要的事情——就是存錢！
因此我開始使用記帳APP。
在這之前，我都是有多少就花多少。
這個有點想要耶～買了吧～!!
10/24
¥350
咖啡
¥550
午餐
10/25
¥180
早餐
¥380
午餐
用APP管理後，一眼就能看出現在花了多少錢。
開始固定存起一筆金額後，存款終於變多了，好開心～
只要有點存款就會安心許多～

PART

▼

6

獨居生活的防盜＆防災手冊

監修／

SECOM‧女性安全委員會

在家篇

獨居生活的防盜對策①

待在家裡也不能掉以輕心！

「待在家裡就安全了」這種過度自信可能招致危險。務必提高警覺防範入侵，特別是不要忘記鎖門！

《在家時需要注意的犯罪》

入室搶劫

罪犯可能假扮成檢修人員或快遞員，以各種手法讓受害者開門後闖入、搶奪財物，或趁受害者回家開門的瞬間行動。

竊聽、偷拍

犯罪動機眾多，可能是人際關係上的糾紛，或是為了營利而公開於網路上。

《提升居家防衛力》

- ☐ 入住時，確認是否更換過門鎖。
- ☐ 徹底養成「在家時也要鎖門」的習慣。
- ☐ 不要在陽台或窗戶周圍，放置腳踏車等可作為攀爬工具的物品。
- ☐ 為防止外人窺視，可使用市售的貓眼蓋來遮擋貓眼。
- ☐ 在窗戶玻璃上貼防盜膜。
- ☐ 在窗戶或玄關門加裝定位鎖或輔助鎖。

最常見的入侵方式是從未上鎖的門窗進入，切忌長時間開窗。

安裝防盜膜或輔助鎖可能影響退租時恢復原狀的程度，建議事先與房東或管理公司確認。

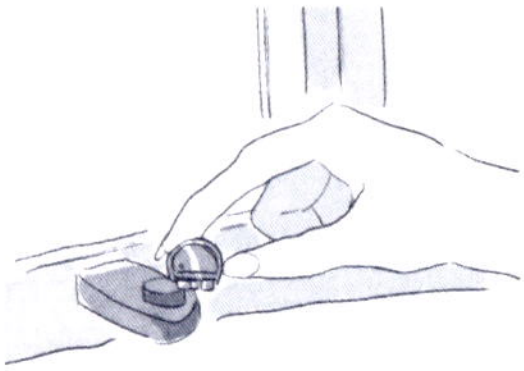

在同一扇門窗上安裝2個以上的鎖，即「一門兩鎖」，可增加入侵難度，使歹徒較不容易鎖定你。

《 以防入室搶劫的方法 》

女性可以這樣防範

回家時大聲說：「我回來了！」

在玄關放置男鞋　避免在玄關擺放可愛小物

搭乘電梯時的注意事項

進電梯前，先觀察周圍是否有可疑人士。避免與陌生人共乘，若發現有人與你在同一樓層出電梯，不要立即進家門，稍作停留再行動。

領取宅配包裹時多加留意

建議指定配送時間，對於未預期的來訪可選擇不應門。請對方直接放在門口或是宅配箱也是個不錯的方法，但開門時仍需保持警覺。

即使有自動門鎖也不能掉以輕心

入侵者有時會趁住戶進入大樓時混入。回家後，務必確認門是否鎖好，並注意周圍是否有可疑人士。

注意突然來訪的人

如果有陌生業者以檢修等名義來訪，請透過對講機或隔著門鏈來應對，並向管理公司或房東確認真偽。

《 以防竊聽與偷拍的方法 》

如果擔心遭到竊聽

有些竊聽器外觀與普通插座或延長線無異，難以察覺。若有疑慮，可請專業人士檢查。

不要使用前房客留下的物品

搬家後發現留有之前的家電、家具、照明設備、延長線、遙控器等物品，請勿直接使用，應先聯繫房東或管理公司並確認。

保持清潔與整理也很重要

經常打掃和整理，可以讓你更容易察覺房間內的異常情況。也請時刻注意公寓或大樓範圍內是否有可疑設備。

入住時的確認

檢查插座、家電（如：電視、洗衣機、冷氣）的內部、燈光開關等處，是否有安裝可疑設備。

不要接受來歷不明的包裹

若收到不明寄件人的物品或未預期的包裹及禮物，請務必提高警覺，其中可能潛藏偷拍或竊聽設備。

採取預防措施很重要！

獨居生活的防盜對策②

戶外篇

外面的世界充滿危險，日常保持警覺非常重要，也要做好家中無人時的安全防範。

外出時需要注意的犯罪

可疑人士、色狼、跟蹤狂

街上可能潛伏著行為詭異的可疑人士、趁機猥褻的色狼，或是不斷跟蹤他人的跟蹤狂。在人少的地方或夜間行走時，務必提高警覺。

入室竊盜

有些竊賊會以家中沒人的房間為目標，事先觀察住戶的外出時間，因此請務必避免讓人察覺到家裡沒人。

隨機傷人

近年來，隨機傷人案件頻繁發生。這類犯罪難以預測，日常行動時應時刻保持安全意識，盡早察覺異狀，以確保自身安全。

搶劫

如今愈來愈多搶劫案件，是在路上擦肩時搶走包包。尤其是女性習慣將錢包等貴重物品集中放在包包內，容易成為目標，請特別注意。

以防家中沒人時遭竊的方法

- ☐ 即使只是短暫外出，也務必鎖好門窗。
- ☐ 窗戶和門鎖建議採用「一門兩鎖」（P.142）。
- ☐ 保持家門口和信箱的整潔。
- ☐ 應盡量在室內晾曬衣物。
- ☐ 白天可拉上窗簾，避免外界察覺家中無人。
- ☐ 若發現房屋周圍有可疑的數字或符號，請立即去除。

門牌、郵箱、瓦斯或水錶後方若出現陌生的數字、記號或不明貼紙，可能是竊賊留下的標記。

《走在路上需注意的事項》

晚上盡可能選擇人潮較多、照明充足的道路行走。

定期檢查防身警報器是否還有電。

偶爾回頭確認有無可疑人物。

以快步且動作俐落的姿態行走。

避免邊走邊做其他事

邊走邊看手機或聽音樂，會分散注意力而無法察覺周遭的危險，請避免這種行為。

將包包拿在遠離車道的一側

搶劫犯通常會騎著腳踏車或機車從後方接近，因此建議盡量遠離車道行走，並將包包拿在遠離車道的一側。

感覺有危險就立即逃離

若發生隨機傷人事件，請迅速遠離現場。如察覺可疑人物，應前往警察局或便利商店避難。

攜帶防身警報器或防犯罪APP

將防身警報器掛在顯眼的位置，有助於嚇阻犯罪。此外，日本警視廳推出了有警報器功能的防犯罪APP「Digi Police」，也可以多加利用。

《避免獨自應對跟蹤狂》

預防跟蹤狂的措施

- ☐ 不要隨意透露聯絡方式或住家地址給陌生人。
- ☐ 時不時變換回家的時間與路線。
- ☐ 隨身攜帶防身警報器等防犯罪工具。
- ☐ 避免在社群媒體上公開個人資訊，建議延遲發文（P.146）。
- ☐ 察覺危險時，不要單獨應對，應向身邊人或警察尋求幫助。
- ☐ 丟棄垃圾時記得隱藏個人資訊（P.90）。

“這算是跟蹤狂嗎？”

跟蹤狂行為包含尾隨、埋伏、強迫見面或交往、無聲電話等。若感到不安，請立即向警察或身邊信任的人求助。在日本，可撥打警察諮詢專線「＃9110」尋求協助。

向警察報案時的準備

- 記錄騷擾發生的時間、情形。
- 保留相關證據，如：信件、禮物、郵件或來電紀錄等。

個人資訊外洩、詐騙……

預防網路相關的危險

網路與社群媒體相當便利，卻也同時伴隨著風險。應時刻保持警惕，以免無意間捲入糾紛或案件。

網路與社群媒體的潛在危險

社群媒體引發的糾紛

如今，社群媒體上經常發生誹謗中傷、網路跟蹤騷擾等問題，個人資訊外洩而遭惡意利用的案例也層出不窮。

網路犯罪激增

一點擊網址就被要求付款的「One Click詐騙」，或誘導至假網站以竊取個人資訊的「網路釣魚詐騙」等，手法已愈來愈多樣化。

保護個資的方法

電腦與手機的安全防護措施

- ☐ 輸入個人資訊時，請確認網站是否使用SSL加密方式。
- ☐ 若需輸入個人資料，僅填寫必要項目。
- ☐ 不使用簡單或重複的密碼。
- ☐ 安裝並定期更新安全防毒軟體。
- ☐ 定期更新作業系統與應用程式。
- ☐ 不開啟來路不明的電子郵件，不點擊可疑連結。

確保網址以「https://」開頭，且網址列有鎖頭圖示的網站才較為安全。

在社群媒體發文時的注意事項

- ☐ 為避免透露目前所在位置或家中無人的情況，建議延遲發布貼文。
- ☐ 若要分享朋友的照片或帳號資訊連結，請事先取得對方同意。
- ☐ 避免發布可能傷害他人或引發誤解的內容。
- ☐ 限制資訊的公開範圍，僅對信任的對象開放。
- ☐ 不公開姓名、工作單位、學校、住址、家庭成員等個人資訊。
- ☐ 若發布自己的住家或常去地點的照片，請透過模糊背景等方式保護隱私。

噪音、垃圾問題、異味……

避免與鄰里之間的糾紛

生活中的小事也可能演變成嚴重的問題。只要彼此多加體諒，就能避免發生重大糾紛。

生活中潛在的糾紛導火線

交談、講電話、播放音樂、洗衣機與吸塵器的運轉聲等日常聲音都可能困擾人。

生活噪音

除了絕對是NG行為的大聲喧嘩，在牆壁與地板較薄的集合住宅中，電視聲、家具移動聲、腳步聲等生活噪音也可能造成鄰居的困擾。

惡臭與異味

每個人對氣味的敏感度不同。除了放置過久的垃圾臭味與菸味，有時連衣物柔軟精的香氣也可能成為糾紛的導火線。

垃圾的處理方式

若不遵守收垃圾的日子、放置地點、分類規則等，可能導致惡臭瀰漫、垃圾遭烏鴉翻弄得四處散落，影響整棟集合住宅的環境。

鄰里糾紛需避免發生、避免惡化

預防鄰里糾紛的生活技巧

- ☐ 在建築內與鄰居碰面時主動打招呼。
- ☐ 維持與房東或管理公司間的良好關係。
- ☐ 注意避免製造過大的噪音。
- ☐ 遵守垃圾丟棄等集合住宅的規範。

鄰居做出困擾行為時該怎麼辦？

- ☐ 不要直接上門抱怨或以牙還牙。
- ☐ 收集證據，如：錄音檔、照片、附有日期的筆記等。
- ☐ 與房東或管理公司商討對策。
- ☐ 若感到人身安全受威脅，應立即向警察報案。

做好準備應對突發狀況

獨居生活的防災對策①
地震、自然災害篇

自然災害可能在某天突然降臨，
獨自一人時被捲入其中，
難免感到不安、驚慌失措，
因此日常就要做好準備與防範。

在家時發生地震該怎麼行動？

地震發生時，首先要確保自身安全。

- ☐ 躲在桌子底下或棉被裡，保護頭部。
- ☐ 在浴室或廁所時，一邊保護頭部一邊打開門。
- ☐ 震動停止後，打開玄關門或窗戶以確保避難路線。
- ☐ 做飯時感覺到搖晃，應立即離開廚房，移至安全的地方。
- ☐ 避難時，關掉電源的電閘開關及瓦斯閥門。
- ☐ 如果沒有進一步的危險和嚴重損失，可待在家裡；如果無法生活，就前往避難所。
- ☐ 役所、警察或消防局發出避難指示時，請前往臨時集合點或避難場所。根據地區不同，避難場所的名稱與時間可能有所不同，請查閱防災地圖確認。

外出時發生地震該怎麼行動？

在學校或辦公室

躲在桌子下，不要隨意移動，地震結束立即遵循學校或工作場所的指示。如果交通停擺，無法回家，應該盡早前往最近的避難所。

在路上

用包包或外套保護頭部，並盡量遠離建築物。震動停止後，迅速前往公園等開闊地方避難。

在商店或車站等地

用包包或外套保護頭部，並靠近柱子等物體。震動停止後，聽從店員或工作人員的指示進行避難。

《平時就做好地震應對》

家中的地震應對策略

安裝防止家具倒塌的裝置和防滑門擋，玻璃可貼上防爆膜會更安全，床邊準備一雙厚底拖鞋。

預先討論災後聯絡方式

在日本通訊困難時，可以利用災害留言專線「171」等（台灣可打1991），與家人或朋友預先決定聯絡方式和集合地點。

確認避難所與避難路線

在當地政府網站等查找居住地、學校、工作場所附近的「地震防災地圖」，預估災害影響範圍，確認避難所及避難路線。

《準備好緊急避難包》

最低限度應該準備的基本物品

☐ **食物**

罐頭、即時米飯等，即使沒有瓦斯或電也能食用的食物，準備3日份左右。

☐ **保存水**

500mℓ的瓶裝水，準備大約3瓶。

☐ **手電筒**

不需要乾電池、可手搖充電的類型比較方便。

☐ **手提收音機**

災害時需要留意資訊，選擇可手機充電的類型比較方便。

☐ **藥品**

外用藥、消毒藥水等，還有日常服用的藥品。

根據情況再添加

如：便攜式廁所、濕紙巾等衛生用品，以及防寒衣物、雨衣等。

放在床邊或玄關等
隨時可以帶走的地方，
並準備一雙厚底運動鞋。

基本標配是「能生存1～2天的物資」

除了基本物資，加上自己所需的東西也很重要，可根據情況和時期來調整。

儲備食品可作為緊急糧食

平時可以多買些食品儲備，災害時可作為緊急糧食。吃完再補充，可以避免過期。

ex.

飲用水、泡麵、調理包、罐頭、即時米飯、零食、果菜汁等

女性準備這些更方便

救援物資中，一些女性特殊用品可能較晚才會送達。將適合自己生活方式的物品放入緊急避難包中，會感到更安心。

ex.

衛生棉等生理用品、乾洗髮、帶胸墊背心、潔牙紙巾、保濕乳等

在緊急情況下不要慌張！

獨居生活的防災對策②

火災篇

一點疏忽也可能引發火災。除了平時注意火源，還要學會如何使用滅火器。

防止火災發生的注意事項

爐子附近不要放置物品

毛巾、紙巾、食譜書等放在爐子附近，可能引發火災，應盡量將這些物品放置在遠離爐子的地方。

袖口也可能引發火災

寬袖口或帶蕾絲的衣服、長頭髮等，都有危險。做飯時應綁好頭髮並捲起袖口，或者穿防火材料製成的袖套。

房間裡隨處都可能有火源

忘記關掉暖氣、熄滅香氛蠟燭，或在火源附近使用噴霧罐、消毒酒精等，都可能引發火災。

插座不要積灰塵

電源插頭和插座之間積累灰塵，可能引起火災。家具放在電源線上也很危險。

若衣服著火，應立即用水滅火。

家中可進行的火災對策

安裝個人滅火器

集合住宅的公共區域應設有滅火器，但為了快速滅火，最好在家中客廳等處裝設家用滅火器，這樣更安心。

確認火災警報器安裝位置

日本現在所有住宅都要求安裝火災警報器，請確認其安裝位置。

《 家中發生火災時 該怎麼做？ 》

4 盡可能滅火

火勢尚未蔓延至天花板，可使用滅火器滅火；電器起火，請先切斷電源開關。

> 為了應對突發狀況，請事先確認緊急樓梯、逃生梯及警鈴位置。

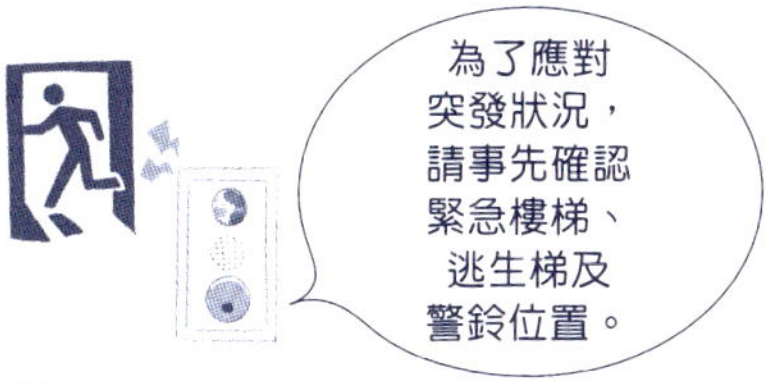

5 逃離現場

若火勢已經蔓延至天花板，應立即撤離。若無法從玄關逃出，可利用陽台的逃生梯等設備逃生。

1 確認起火點

在確保自身安全的前提下，確認是哪個火災警報器響起，並確認火勢範圍和燃燒的物品，盡可能掌握情況。

2 撥打119並通報

向消防隊報告火災發生，並冷靜回答現場狀況與聯絡方式等問題。

3 向周遭告知有火災

大聲喊：「失火了！請快逃！」或啟動警鈴，通知周圍的人有危險。

學習如何使用滅火器

按壓握把，噴出滅火劑。 ← 將噴嘴對準火源。 ← 拉開安全插梢。 ← 抓住滅火器的握把下側進行搬運。

撤離時需注意一氧化碳中毒！

用手帕等布料遮住口鼻。

逃生時關上門，以防濃煙擴散。

保持低姿勢進行避難。

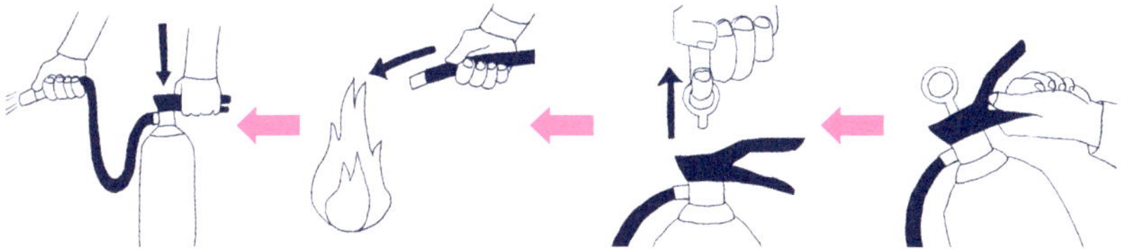

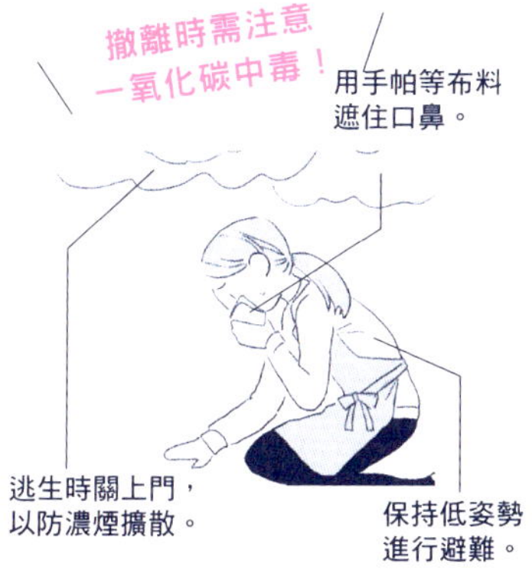

在戶外遇到火災時該怎麼做？

若在百貨公司、餐廳等公共場所遇到火災時，請保持冷靜，並依照工作人員的指示行動。避免使用電梯或手扶梯，應改走避難專用樓梯。

一個人時會更加不安……

生病時該怎麼辦？

當身體不適、無法行動時，獨自一人會更感到焦慮不安。事先做好心理準備和必要工作，緊急時刻就能派上用場。

預防身體不適和受傷的事前準備

準備急救箱

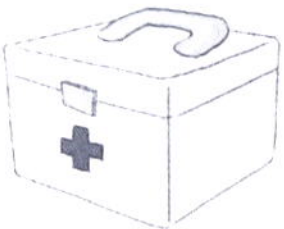

準備一些可以應對輕微不適或受傷的基本醫藥用品和衛生用品，以備不時之需。

建議準備的衛生用品

體溫計／消毒液／OK繃／繃帶／紗布／棉花棒／剪刀／拔刺夾／鑷子／口罩／退熱貼 等

建議準備的藥品

感冒藥／退燒藥／止痛藥／腸胃藥／外傷藥／止癢藥膏／眼藥水／冷・熱敷貼／氣喘、過敏及其他慢性病的常備藥 等

以防生病時的存糧

身體不適時可能無法外出購物，可事先準備一些可保存食品以備不時之需。

身體不適時容易入口的食品

冰淇淋／果凍飲／即食粥／水果罐頭／經口補水液／運動飲料／果菜汁 等

查詢醫院和計程車的聯絡方式

為了應對緊急狀況，提前掌握附近醫院的位置，並在手機中下載叫車APP，以便隨時聯繫。

尋找固定的家庭醫師

在家附近找一位口碑良好的醫生作為固定的家庭醫師，平時便可進行健康諮詢，會更安心。

覺得身體好像不太舒服……？

充分補充水分

若有發燒或嘔吐，可能導致脫水。請透過經口補水液等適時補充水分。

多休息並好好靜養

為了讓身體恢復體力，充足的睡眠和在家安靜地休息非常重要。

輕微症狀也要就醫

不要自行判斷，應盡早前往醫院診治。如果有固定的家庭醫師，諮詢起來會更方便。

視症狀情況避免泡澡

泡澡會消耗體力，若有發燒、嘔吐或腹瀉等症狀，建議暫時避免泡澡。

選擇容易入口的食物補充營養

腸胃機能較弱時，建議食用粥等易消化的食物，也可以利用調理包來減少烹飪負擔。

燉煮到軟爛的烏龍麵
也是不錯的選擇，
應避免油膩或
高膳食纖維食物。

如果病情突然惡化

這時請立即叫救護車

如果出現劇烈疼痛、呼吸困難、高燒、大量出血等情況，請毫不猶豫地撥打救護車專線。若意識尚清醒，請提前打開家門等待救援。

猶豫是否叫救護車時

在日本，可利用能提供就醫建議的全國版救急受診APP「Q助」，或撥打可提供醫師、護士諮詢的急救安心中心「＃7119」來做判斷。

搭乘救護車時需準備的物品

- ☐ 健保卡、診察券、用藥手冊
- ☐ 現金（治療費、回程交通費等）
- ☐ 鞋子與外套（若病情穩定，自行返家時使用）

撥打救護車時需要提供的資訊

- ☐ 向對方先說明是緊急情況。
- ☐ 提供地址（可附加地標）、姓名、年齡、電話號碼。
- ☐ 描述狀況（症狀、受傷情況、是否有意識、呼吸狀況等）。

與事故、犯罪相關的麻煩

遭遇交通事故

千萬不要自行和解，一定要通報警察。即使當下沒有明顯的外傷，也有可能在事後出問題，建議盡快就醫。

1. 通知警察（若受到強大撞擊力，請同時叫救護車）。
2. 詢問對方的住址、姓名、聯絡方式、車牌號碼、加入的保險，並記錄下來。
3. 可能的話，拍攝事故現場與車輛損傷狀況，並錄下與對方的對話內容。
4. 若有目擊者，訊問並記下其住址、姓名、聯絡方式。
5. 聯絡保險公司。
6. 盡快前往醫院就診，並取得診斷證明。

引發交通事故

不要擅自離開現場，否則將構成違反救護義務！一定要通知警察，並聯絡保險公司，讓他們協助處理後續事宜。

1. 將車輛停放至安全位置並將引擎熄火，打開危險警告燈，提醒後方來車以防二次事故。
2. 若有人受傷，必要時撥打救護車，並進行力所能及的急救。
3. 通報警察。
4. 詢問對方的住址、姓名、聯絡方式、車牌號碼、加入的保險，並記錄下來。
5. 可能的話，拍攝事故現場與車輛損傷的狀況，並錄下與對方的對話內容。
6. 若有目擊者，訊問並記下其住址、姓名、聯絡方式。
7. 聯絡保險公司。
8. 盡快前往醫院就診，並取得診斷證明。

遇到這些麻煩時該怎麼解決？

獨居生活的問題諮詢室

最重要的是不要一個人煩惱，與身邊的人或專業機構商量可加快解決問題的速度。本篇將介紹各種求助管道。

3 聯絡房東或管理公司。
4 根據被盜物品進行必要手續。
存摺、金融卡、信用卡：立即聯絡發卡銀行或機構停用。
印章：向役所或登記機關（如為銀行帳戶登記印章，需向銀行報備）申報。
健保卡、護照、駕照：辦理補發手續。
5 如果有投保竊盜險，可以辦理後續的理賠手續。
6 部分損失可能適用年末扣除，可向稅務署諮詢。

家中遭竊

犯人可能仍在屋內，應先離開再報警。同時應迅速停用信用卡等，以防遭遇二次受害。

1 不要觸碰任何物品，離開家中並聯絡警察。
2 確認受害情況，向警察提交失竊報告或受害報告。

遭遇約會強暴等性犯罪

時間拖得愈久，證據可能愈難保存。為了得到治療與照顧，請不要獨自承受痛苦，應盡快聯絡警察或公家諮詢窗口。

1 遭受侵害後，應先尋找安全或讓自己感到安心的地方。
2 撥打110報警，或聯絡警察的性犯罪受害諮詢專線「＃8103」，和性犯罪／性暴力受害者支援中心「＃8891」（在台灣可撥打113保護專線）。
3 為了保留證據，在未洗澡或泡澡前，應盡快前往警局或支援中心。攜帶受害當時穿著的衣服或內衣褲、受害前使用過的餐具（請勿清洗）、飲用或食用過的食物殘留等。
4 如擔心懷孕或感染性病，應盡早就醫。可請醫師開立緊急避孕藥，並於受害後72小時內服用。
5 即使不確定哪些物品可作為證據，或已經超過72小時，也請不要放棄，應尋求警察或醫療機構的協助。

遭遇詐騙

詐騙手法日益精進，應特別留意涉及個人資訊、轉帳匯款或誘導購買等行為。遇到可疑情況，切勿獨自處理，應盡快向相關單位求助。

懷疑遭遇詐騙

付款之前，先向消費者諮詢專線（188）或警察諮詢專線（＃9110）詢問。應保留詐騙相關的電子郵件、對話紀錄或錄音，作為證據。

已經轉帳匯款

1 向警察提交受害報告。
2 聯絡收款銀行（若犯人尚未領款，可能可凍結帳戶）。

信用卡遭盜刷

1 聯絡發卡銀行，立即停用信用卡。
2 向警察提交受害報告。
3 若詐騙過程中曾輸入ID或密碼，請立即修改。

居家生活相關的問題

冷氣壞了

無論是冷氣、熱水器或瓦斯爐等附屬設備，維修與更換費用通常由房東或管理公司負擔，請勿自行修理。

1 確認是否只是遙控器沒電（可參考使用說明書）。
2 查看租賃合約，並聯絡房東或管理公司，請對方安排必要的維修。

弄丟房間鑰匙

鑰匙若遭不當使用，可能引發更大的問題。即使有備用鑰匙或正值深夜，也應立即聯絡房東或管理公司。

1 向警察或派出所提交遺失報告。
2 聯絡房東或管理公司，商討後續處理方式。
3 如果找不到鑰匙的話，應依照房東或管理公司的指示更換新鎖（請勿擅自更換）。

馬桶堵塞也可以透過應急處理來解決

提前在家居賣場購入可解決馬桶堵塞的「馬桶疏通器」，就不用擔心了。

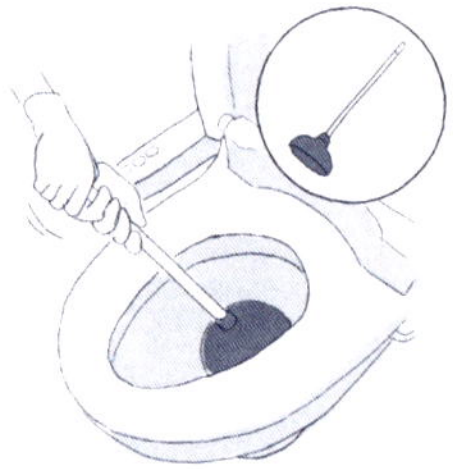

將馬桶疏通器的吸盤對準排水口，反覆按壓與拉起。

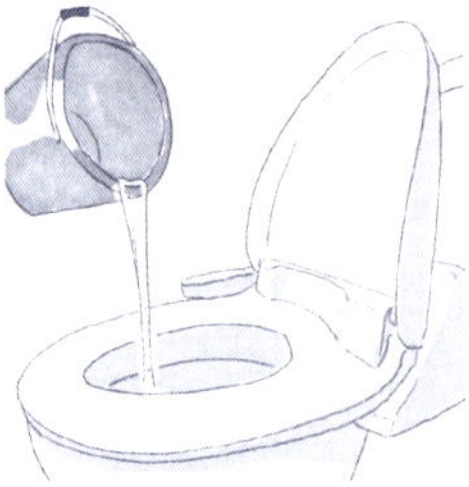

若聽到「咕嚕咕嚕」的聲音，可用水桶少量倒水進去測試，若順利排水則表示已暢通。

水管或馬桶故障

雖然有提供緊急維修服務的公司，但可能因資訊不足導致糾紛，需謹慎選擇、冷靜評估維修內容與費用。

1 查看租賃合約，並聯絡房東或管理公司（對方可能會推薦維修公司）。
2 如果需要緊急維修，應不要慌亂並仔細確認細節。

☐ 詢問是否需支付基本費、估價費、到府費、檢查費等額外費用。

☐ 在施工前要求書面報價單。

☐ 若對服務內容或報價不滿意，可比較其他維修公司再決定。

應該要知道的日本 電話諮詢專線一覽

犯罪受害相關諮詢

警察諮詢專線	#9110	提供與犯罪受害相關的諮詢，甚至在受害發生前也可詢問。
性犯罪受害諮詢專線	#8103（ハートさん）	日本全國通用的簡碼撥號，來電後會自動轉接至居住地警察機關的性犯罪諮詢窗口。
性犯罪・性暴力受害者支援中心	#8891（はやくワンストップ）	提供遭遇性犯罪或性暴力時的支援與諮詢窗口，可匿名諮詢。
家暴諮詢專線	#8008	來電後將自動轉接至最近的家暴諮詢機構，由專業人員提供諮詢服務，協助解決與配偶或伴侶暴力有關的問題。
消費者諮詢專線	188	提供與合約糾紛、不良商業行為等消費者問題的諮詢窗口。

遭遇災害或突發疾病

災害留言專線	171	災害發生時，可透過此服務錄製語音訊息，以確認親友平安。
急救安心中心	#7119	當身體不適或受傷時，不確定是否需要叫救護車或就醫，可先進行電話諮詢。

性騷擾、心理健康等問題

女性權益熱線	0570-070-810	提供關於配偶或伴侶家暴、性騷擾等，女性人權相關問題的諮詢服務。
大家的人權110號	0570-003-110	可諮詢歧視、職場霸凌、網路誹謗等人權相關問題。
心理健康諮詢專線	0570-064-556	來電後將自動轉接至最近的心理健康機構，當有無法獨自承受的煩惱或痛苦時，可尋求專業協助。

漫畫 獨居生活日誌5「循環備糧」

獨居生活更要重視防災對策！
有緊急避難包讓人更安心！
開始實行循環備糧吧！
多買一些平時就會吃的即食食品。
食用完再買新的作為儲備品，可以避免過期。
這些本來平常就在吃，災難時也能過上與之前相似的飲食生活，從而減少壓力，太棒了！
吸溜～

監修者介紹

PART 3

Mina

擁有整理收納顧問與清潔專家資格的主婦。透過親自嘗試各種方法，整理出「簡單的打掃技巧」，並分享於Instagram上而廣受歡迎，粉絲數超過50萬人（截至2024年1月）。著有《しない掃除》（KADOKAWA）。

Instagram：@mina__room

PART 4

池田美希

料理研究家、營養師。1991年10月20日出生，來自新潟縣。曾於食品製造商任職，之後在食譜影片媒體工作，並擔任料理研究家的助理，最終獨立創業。擅長運用常見調味料製作食譜，打造任何人都能輕鬆上手，並充分發揮食材美味的創意料理。

PART 5

福一由紀

理財規劃師（CFP®、1級FP技能士）、Money Lab關西的代表、《All About》財經專欄作家。旨在以簡單易懂的方式傳達貼近生活的理財資訊，透過講座、諮詢與媒體，提供各種與金錢相關的資訊。此外，也提供家庭財務諮詢，幫助人們消除未來的經濟困擾，描繪更加輕鬆愉快的未來。

http://www.money-lab.jp/

PART 6

SECOM・女性安全委員會

該委員會成立於2007年秋季，由SECOM的女性員工為核心成員組成。
以安全專業人士與女性特有的視角，致力推動所有女性安全相關宣導活動，提供不論年齡或生活方式皆實用的安全資訊。

PART 1

高幣幹司（isroom）

經營不動產、住宿業、空屋活用等多種業務的Trust Light株式會社代表。曾於Sumishin不動產（現三井住友信託不動產）及找房的Minimini公司任職，累積多達2千件仲介成交經驗，並於2017年獨立創業。經營擁有2.9萬粉絲的Instagram帳號「isroom」，廣受歡迎（截至2024年1月）。

Instagram：@is_room_

PART 2

成島理紗

專門提供單身女性整理服務的「oheya-arrangement」的代表，擁有整理收納顧問1級資格及室內設計師資格。透過聽取顧客的使用需求、動線設計及困擾，將房間煥然一新，並完成超過500件「上門整理服務」的整理房間經驗。

Asuka

作為「輕鬆極簡主義者」，提倡減少不必要的物品，過著讓喜愛的物品圍繞周身的生活。主要透過Instagram等社群媒體分享自己的生活，其極簡且統一感的室內設計與生活方式獲得大量支持，擁有超過40萬的粉絲（截至2024年1月）。

Instagram：@minimalist_ask

Masato

居住於東京都。在Instagram上分享自己在1K公寓的獨居生活。自然風格的室內裝潢，以及從不同角度展現房間魅力的貼文，都相當受歡迎。興趣是旅行、攝影和音樂。假日常去逛家具和雜貨店，或是出遠門進行拍攝。

Instagram：@roomxxmst

Mico

經營YouTube頻道「mico's journal」，訂閱人數達6.7萬（截至2024年1月），專門分享各種推活的收納方法與相關資訊，幫助粉絲打造理想的偶像應援生活。

YT頻道：
https://youtube.com/c/micosjournal

●繪者簡介

加納NANA

擅長描繪萌系、情境令人心動的插畫家兼漫畫家。於《Gangan ONLINE》出道。其網路漫畫作品如《＃愁枝日誌（＃シュウシノLOG，暫譯）》與《顏值超高情侶（顔面偏差値高ップル，暫譯）》均大受歡迎。

X：@kanou7na

獨居生活完美指南BOOK

出　　版／楓葉社文化事業有限公司
地　　址／新北市板橋區信義路163巷3號10樓
郵政劃撥／19907596 楓書坊文化出版社
網　　址／www.maplebook.com.tw
電　　話／02-2957-6096
傳　　真／02-2957-6435
插　　畫／加納NANA
翻　　譯／邱佳葳
責任編輯／邱凱蓉
內文排版／洪浩剛
港澳經銷／泛華發行代理有限公司
定　　價／400元
出版日期／2025年7月

國家圖書館出版品預行編目資料

獨居生活完美指南BOOK / 加納NANA繪 ; 邱佳葳譯. -- 初版. -- 新北市 : 楓葉社文化事業有限公司, 2025.07　面；　公分

ISBN 978-986-370-819-3（平裝）

1. 搬家 2. 家政 3. 生活指導

422　　114007276